PROBLÈMES D'ARITHMÉTIQUE.

ON TROUVE A LA MÊME LIBRAIRIE :

Nouveau Recueil de Problèmes de Géométrie, avec les solutions, par M. J. N. Sarazin, licencié ès sciences, ancien professeur de mathématiques au collége d'Épinal ; in-12.

Les problèmes, sans les solutions, à l'usage des élèves ; in-12.

Arithmétique usuelle, Cours théorique et pratique, contenant un grand nombre d'exercices et de problèmes, suivis d'instructions relatives au commerce, à l'usage des colléges, des maisons d'éducation et des écoles supérieures, par M. F. G. Olivier, professeur de mathématiques au collége de Troyes : 11e édition, revue et corrigée ; 1 vol. in-12, avec figures.

Cours de Tenue de Livres, en partie double et en partie simple, rédigé sur un plan méthodique et raisonné, comprenant : 1° la définition du commerce et de ses différentes acceptions ; 2° la théorie ou les principes raisonnés de la comptabilité commerciale appliqués à des exemples ; 3° la pratique ou la comptabilité simulée d'une maison de commerce, suivie des comptes de balance et d'inventaire ; 4° la législation relative au commerce, aux livres, aux billets, etc., à l'usage des classes industrielles et commerciales, par M. Th. Bertrand, professeur de comptabilité à Paris ; ouvrage autorisé par l'Université ; 1 vol. in-8°, avec tableaux.

Géométrie usuelle, Cours théorique et pratique, précédé des premiers principes de l'Algèbre, de la théorie des équations, des puissances et racines, des proportions et progressions, et des logarithmes, et suivi d'éléments de Trigonométrie rectiligne et de Statique, le tout accompagné d'un grand nombre de problèmes, à l'usage des colléges, des maisons d'éducation et des écoles supérieures, par M. G. F. Olivier, professeur de mathématiques au collége de Troyes : 7e édition, revue et augmentée ; 1 vol. in-8°, avec figures.

Traité élémentaire de Cosmographie, redigé d'après le programme universitaire, à l'usage des élèves de rhétorique et de l'enseignement spécial, des aspirants au baccalauréat ès lettres et des candidats à l'école militaire de Saint-Cyr, par M. B. Amiot, professeur de mathématiques au lycée Saint-Louis ; 1 vol. in-8°.

NOUVEAU RECUEIL DE PROBLÈMES D'ARITHMÉTIQUE,

A L'USAGE DES CLASSES ÉLÉMENTAIRES DE MATHÉMATIQUES DES COLLÉGES, DES PENSIONS ET DES ÉCOLES PRIMAIRES SUPÉRIEURES;

Par J. N. SARAZIN,

LICENCIÉ ÈS SCIENCES,
ANCIEN PROFESSEUR AU COLLÉGE D'ÉPINAL.

PARIS.

IMPRIMERIE ET LIBRAIRIE CLASSIQUES
De JULES DELALAIN,
IMPRIMEUR DE L'UNIVERSITÉ,
RUE DES MATHURINS SAINT-JACQUES, 5.

M DCCC XLIX.

INTRODUCTION

A LA RÉSOLUTION DES PROBLÈMES D'ARITHMÉTIQUE.

1. Un Français à bon droit renommé, Montaigne, dit quelque part dans ses œuvres, que « les sciences traitent les choses trop finement, d'une mode artificielle et différente de la commune et naturelle. » Un tel jugement, dû à un tel philosophe, doit-il être admis sans examen, et les sciences refaites de façon à ne plus le contredire? Telle est la question qu'il faut se poser tout d'abord, lorsqu'on se propose de présenter quelques considérations sur la manière d'étudier l'arithmétique.

D'un côté, si les sciences doivent être refaites, c'est l'opinion de beaucoup de savants modernes; mais ce n'est nullement pour être trop abstraites, c'est au contraire pour ne pas l'être assez, en ce sens qu'elles devraient se réduire aux idées les plus générales et les plus simples.

D'autre part, les maîtres qui dirigent les premiers essais des enfants dans ce genre d'étude se plaignent de n'avoir à leur disposition que des traités présentant des principes insaisissables pour ces jeunes intelligences qui se refusent à voir tout ce qui manque d'un corps, d'une forme physique. De là deux écoles diamétralement opposées. Aussi nous serait-il facile de citer des ouvrages appartenant à des disciples de la première, dans lesquels les termes et les symboles, qui ne sont guère intelligibles que pour les personnes qui connaissent déjà à peu près la science, se présentent dès les premières pages; et de citer des ouvrages appartenant à des disciples de l'autre école, dans lesquels les puérilités se succèdent de la première page à la dernière, avec une confiance que rien n'inquiète. Évidemment chacune de ces écoles est dans l'exagération; évidemment chacune oublie ce dont est capable l'intelligence d'un enfant ordinaire. La première, lui supposant plus de pénétration qu'il n'en a, l'arrête à son début; l'autre, lui en supposant moins, vous le rend tel qu'elle l'a reçu, c'est-à-dire chiffrant, sans les raisons, quelques lourdes applications de la multiplication et de la division. Mais vous le rendent-elles avec une plus grande aptitude pour la science? C'est ce qu'on ne peut admettre.

II. Il y a un terme moyen qu'on suivra, ou plutôt que l'on suit, non sans succès. Il est difficile de le préciser sans doute, mais on en approche immanquablement en prenant pour contre-poids, tantôt les idées de l'une de ces écoles, tantôt les idées de l'autre; et, à notre avis, ce terme moyen, dont heureusement on s'écarte peu dans l'enseignement public, et cela peut-être autant par instinct que par raison, s'il ne se définit pas, échappe rarement aux maîtres qui n'oublient pas qu'ils sont appelés à préparer les enfants à raisonner et à appliquer ce qu'ils leur enseignent.

III. Aucun enseignement, et celui de l'arithmétique moins que tout autre, ne peut être en effet une simple nomenclature de mots, représentant soit des êtres de raison, soit des êtres réels, qui doivent être groupés dans un ordre convenu. Malheur à l'intelligence qui ne serait préparée qu'à exécuter une telle opération mécanique! Elle pourrait finir par y être un jour fort habile, mais elle n'en vaudrait pas mieux pour cela; car n'ayant jamais fait le travail nécessaire pour trouver la réponse à une question imprévue, elle serait réduite à ne jamais voir que les choses qui lui auraient été montrées, à ne jamais faire que répéter, avec plus ou moins de ponctualité, ce qui lui aurait été dit, et, bien entendu, sans qu'il y ait là pour elle autre chose que des opérations d'une mémoire artificielle. Or, je crains fortement que les maîtres qui s'attachent à tout matérialiser en arithmétique n'obtiennent pas d'autre résultat. En outre, il me semble que c'est à tort qu'ils se croient autorisés à en traiter ainsi l'étude, tout en agissant différemment quant à l'étude des langues, et en particulier de la langue française.

IV. Si donc, en ce qui concerne les langues, nous tenons compte aux enfants de ce qu'ils apprennent sans maîtres, et même avant d'avoir des maîtres, tenons-leur-en compte aussi en ce qui concerne la science, quelle qu'elle soit, que nous devons leur enseigner ; car ils en savent quelque chose, ne serait-ce que les mots dont nous devons nous servir pour leur faire comprendre ceux dont elle se sert. Dès lors, nous devons les interroger sur leur acquis ; le confirmer dans les points où ils nous le présentent avec les vrais caractères d'une connaissance rationnelle ; le corriger dans les points où ils nous le présentent avec des caractères différents, et enfin en provoquer toujours la fécondité. En effet, cet acquis, si médiocre qu'il soit, n'en est pas moins le *principium et fons* de la science, d'où il faut tirer ce qu'il contient plutôt que d'y déposer ce qui lui est étranger, et qu'il ne manquera pas de rendre sans le faire sien. Cette tâche est délicate ; et le maître qui la remplirait en tout point, c'est-à-dire de façon à ne jamais se trouver obligé de faire au tre chose que des questions aux enfants, en les amenant à y répondre eux-mêmes et à construire ou inventer (*invenire, reperire*) ainsi la science en quelque sorte à eux seuls, ce maître-là aurait certainement le plus de succès, et ses élèves un jour le plus de pénétration.

V. Nous croyons que c'est là la véritable manière de développer l'intelligence, et nous le croyons d'autant plus volontiers, que nous y reconnaissons la méthode que suivait Socrate, et à raison de laquelle il prenait le nom d'accoucheur des intelligences; enfin, nous croyons que c'est celle qu'il faut conclure de la critique de Montaigne, par laquelle nous avons commencé cette introduction. Voilà nos garants; le crédit nous sera-t-il refusé? Qu'il nous soit permis de ne pas l'appréhender? Amener les élèves à concevoir et à formuler les réponses, et les amener à pressentir ou même à prévenir les questions, au lieu de stéréotyper les idées de la science dans leurs cerveaux, à force d'en raviver les impressions, tel est donc le véritable secret de la manière d'enseigner l'arithmétique ou plutôt toutes les sciences. Mais malheureusement c'est dans cette circonstance ou jamais qu'il faut répéter avec le poëte :

> Savoir la marche est chose fort unie;
> Jouer le jeu, c'est le fruit du génie.

VI. Toutefois, ce n'est pas une raison pour perdre courage. Commencez donc par les préliminaires de l'arithmétique, et cherchez-les plutôt dans les esprits des enfants que dans les traités officiels. Demandez-leur comment ils forment les nombres, c'est-à-dire leur numération ou mode de formation des nombres, unité par unité; qu'ils l'exécutent à plusieurs reprises, et même en ajoutant plusieurs unités, ou même plusieurs ordres d'unités à des nombres ainsi formés. Par ce moyen, ils fondront, comme cela doit être, l'addition dans la numération. après en avoir opéré le rapprochement sans peine, en quelque sorte à leur insu. Provoquez de même le rapprochement de la multiplication, si vous jugez à propos de voir se dérouler, sans interruption, les idées qui concernent la composition des nombres, avant d'éveiller les idées inverses, c'est-à-dire les idées qui sont relatives à la décomposition. Aidez-vous pour cela d'exemples ou applications, mais ne vous confinez pas dans ce monde concret, et tenez à ce que l'expression *additionner des nombres* ne soit pas moins pour eux une conquête de l'intelligence, lorsqu'ils étudient l'arithmétique, que ne l'est l'expression *faire accorder l'adjectif avec le substantif,* quand ils étudient la grammaire. Il ne doit pas y avoir, en effet, plus d'images matérielles d'un côté que de l'autre.

VII. Dès lors, puisque vous tenez à obtenir une réponse sur ce que c'est qu'un nombre abstrait, essayez de leur faire former des nombres qui n'aient pas d'autre caractère. Invoquez pour cela cette définition tant critiquée, malgré l'imposante autorité de son auteur, que « l'unité est le rapport de deux quantités égales de même espèce. » Mais avant, interrogez-les sur ce qu'ils entendent par comparer, rapporter une chose à une autre de même espèce. Et bien que la définition du nombre, à laquelle vous arrivez par ce procédé, exige l'idée d'une division, ne vous en inquiétez pas, vu que c'est l'idée d'une division que tous les enfants savent faire, parce que ce n'est pas la division officielle de l'arithmétique, mais bien la division d'une quantité concrète par son unité, et non d'un nombre par un autre. A raison de cela se trouve écarté le reproche de cercle vicieux, quoique les objections contre cette assertion ne manquent pas. Mais il ne manque pas de raisons non plus pour établir que l'esprit retire quelque chose des faits. Vous aurez ainsi des nombres abstraits, ou du moins vous en formerez, et peu importe que ce soit par le secours de divisions, si ceux qui les forment se comprennent.

VIII. Quand vous passerez plus tard à la numération écrite, amenez-les d'abord à en comprendre la nécessité et à concevoir les moyens d'y satisfaire. Amenez-les ensuite à en désirer la simplicité, et à trouver d'eux-mêmes ce dont il faut convenir pour atteindre ce but. Évidemment ce procédé ne remplira pas leur esprit de mots qui ne tarderont pas à s'en échapper, mais y développera cette faculté de pénétration par laquelle on trouve de soi-même les conséquences des principes, au lieu de les conserver inféconds dans sa mémoire.

IX. Lorsque vous arriverez à l'addition, ne vous arrêtez pas devant cette idée, qu'elle va être une réunion de rapports ; car, en dernière analyse, cette conception n'est ni difficile ni absurde : elle n'est pas difficile, puisqu'elle n'exige que la simple supposition que ces rapports auraient pu être donnés par la comparaison d'une seule et même quantité avec son unité ; elle n'est pas absurde, à raison de la réalisation possible de cette même supposition. Alors il apparaîtra de soi-même que ces rapports non-seulement sont indépendants des objets employés pour les produire, et constituent des nombres abstraits, mais qu'ils sont généraux, et susceptibles de combinaisons générales qui se reproduiront sur les objets eux-mêmes, dans des cas particuliers et par forme d'applications. Ainsi seront compris de bonne heure le caractère des opérations arithmétiques et celui des exemples qui en seront donnés.

Tel est l'esprit de la méthode que nous proposons, et nous ne sommes pas les premiers, pour l'étude de l'arithmétique. Elle amène infailliblement à l'intelligence des opérations de cette science, et moins par leur exécution que par la vue intime des principes qui les révèlent, qui revèlent la seconde de ces opérations dans la première, la troisième simultanément dans ces deux-ci, et ainsi de suite.

X. Lorsque nous recommandons d'attaquer l'étude de la science de cette façon, avons-nous ou plutôt pouvons-nous avoir à dire que cette marche n'est plus celle qu'il faut suivre dans la recherche des solutions des problèmes? non, évidemment; car si ce qui précède est vu sous son véritable jour, il doit paraître évident que nous avons fait de la science elle-même un ensemble de problèmes, afin que l'esprit travaille, que la pénétration s'éveille, entre en activité, et que la mémoire n'arrive pas à s'emparer du rôle principal. Les problèmes ne sont donc et ne peuvent être, d'après le point de vue de ces considérations, que des moyens nouveaux, des auxiliaires imprévus, pour surprendre l'esprit des enfants, en stimuler la sagacité. Ils ont donc pour caractère de leur apparaître comme des énigmes dont ils ont à trouver le mot.

XI. Ils ne manqueront pas de le trouver, ce mot, s'ils se pénètrent bien du sens des énoncés, afin d'y saisir et ce qui doit être leur point de départ, et ce qui doit être leur point d'arrivée, et enfin ce qui est le lien secret qui enchaîne ces points et qu'il leur faut suivre pour aller logiquement de l'un à l'autre. Ils se faciliteront cette vue de la nature intime des questions et de la voie qu'il leur faut suivre pour en trouver les solutions, en isolant bien les données, afin d'étudier chacune séparément, et chacune par des comparaisons successives avec les autres; en isolant de même ce qui est à déterminer, afin de reconnaître, aussi par comparaison, à quoi cette inconnue se rattache immédiatement, et à finir ainsi par tenir tout le lien logique de la question. Ce n'est qu'à partir de ce moment qu'ils figureront ce lien par les signes et les opérations de l'arithmétique. Puis, en effectuant les calculs ou simplifications qu'entraîne cette traduction ou représentation arithmétique des conditions de la question, ils arriveront à une dernière expression qui sera précisément la réponse demandée.

XII. Voilà toute la règle qu'il est possible de donner pour résoudre les problèmes de l'arithmétique, c'est-à-dire pour trouver les mots de ces petites énigmes qu'un esprit forge à sa guise et sans effort, et qu'un autre ne saisit souvent qu'avec peine et toujours en s'assouplissant à l'allure du premier. Or peut-on dire au second ce qu'il faut qu'il fasse pour voir où le premier veut en venir ? évidemment, non : c'est à ce second à le concevoir; autrement on le conçoit à sa place, et il reste dans son funeste sommeil. Aussi, je ne pense pas que personne puisse jamais avoir la prétention de donner une recette par l'emploi de laquelle chacun puisse trouver la solution d'une question, bien que cette recette fût par là même fort commode, puisqu'elle mettrait toutes les personnes qui la connaîtraient, et chacun pourrait la connaître, sur la même ligne à l'égard de la science qui nous occupe. Mais c'est à raison même de ce merveilleux effet qu'elle est impossible, et qu'il faut renoncer à l'espérance de son apparition. Dès lors chacun doit se condamner à faire entrer de bonne heure son intelligence en activité, pour qu'il finisse par concevoir de lui-même tout ce qu'un tel exercice peut le mettre en état de concevoir, et se garde bien d'attendre et surtout de demander que d'autres le conçoivent à sa place; car quiconque s'habituerait à compter ainsi sur l'intelligence des autres s'exposerait à en manquer tout à fait.

PROBLÈMES D'ARITHMÉTIQUE.

NOMBRES ENTIERS.

I. *Problèmes et exercices sur la numération.*

1. Enoncer les nombres 1700093004 et 15070600010.

2. Ecrire en chiffres les nombres quarante millions dix-neuf unités et six trillions deux mille trois unités.

3. Sachant que de dix-sept boîtes de plumes métalliques l'une contient neuf plumes; six, chacune dix; quatre, chacune cent; quatre, chacune dix mille, et les autres, chacune mille, on demande combien elles contiennent entre elles toutes.

4. Ecrire en chiffres romains le nombre mil huit cent quarante-neuf.

5. Enoncer le nombre MCDXC.

6. Exposer par écrit la formation du nombre soixante-trois dans le système octaval, et écrire ce nombre dans ce même système.

7. Enoncer les nombres 66 et 17 écrits dans le système octaval.

8. Exposer par écrit la formation du nombre vingt-trois dans le système duodécimal et l'écrire

dans ce système, en supposant que les voyelles *a* et *e* représentent respectivement dix et onze.

9. Énoncer les nombres 2*a* et 34 écrits dans le système duodécimal.

10. Un écolier a gagné les billes de deux de ses camarades ; on demande combien elles font, avec les siennes, d'unités du second ordre et d'unités du premier ordre, 1° dans le système décimal, 2° dans le système octaval, et 3° dans le système duodécimal, sachant que l'un de ses camarades en avait dix-sept, l'autre neuf, et lui sept.

II. *Problèmes et exercices sur l'addition.*

11. Un petit garçon a 7 ans ; sa sœur, 10, son père, 33, et sa mère, 29 : on demande combien ils ont d'années entre eux tous.

12. Un père a 29 ans de plus que son fils, qui a 17 ans : quel est son âge ?

13. Un jardinier gagne 5 francs par jour ; sa femme, 3 ; son fils, 2, et sa fille 1 : on demande ce qu'ils gagnent entre eux tous : 1° par jour, et 2° par semaine.

14. Un enfant qui joue aux billes avec deux de ses camarades leur dit : J'ai 15 billes, et si j'en recevais dix de celui de vous deux qui en a le moins et 13 de celui qui en a le plus, nous en aurions chacun le même nombre : on demande : 1° quel est ce nombre, et 2° combien ils ont de billes entre eux trois.

15. Un régiment est composé de quatre bataillons, qui contiennent chacun le même nombre de soldats quand il n'y a pas de malades ; mais aujourd'hui il y en a ; et le premier, qui contient 763 hom-

mes, en a 17 de moins que le second, qui en a 23 de moins que le troisième, qui en a lui-même 11 de moins que le quatrième : on demande combien il y a aujourd'hui de soldats dans ce régiment.

16. Une forêt renferme 436 pommiers, 547 hêtres, 1879 chênes et 254 charmes plantés il y a 200 ans : combien renferme-t-elle d'arbres de l'âge de 200 ans ?

17. Il y a 4 arrondissements dans un certain département : le premier compte 65479 habitants : le second, 91547 ; le troisième, 85629, et lequatrième 72936 : combien le département renferme-t-il d'habitants ?

18. Un peintre a vendu 5 tableaux aux prix respectifs de 845 fr., 1768 fr., 2900 fr , 4000 fr. et 7000 fr. : quelle somme a-t-il reçue?

19. Napoléon avait 869 soldats du génie, 1289 d'artillerie, 15945 d'infanterie et 6000 de cavalerie à la bataille de Marengo : quelle était la force de son armée ?

20. Le payeur d'un régiment a donné tout le contenu de sa caisse en donnant 1567 fr. au colonel, 1285 au lieutenant-colonel, et 945 fr. à chacun des quatre commandants : quel était le contenu de sa caisse ?

III. *Problèmes et exercices sur la soustraction.*

21. Un petit garçon a 5 ans de moins que sa sœur, qui en a 12 : on demande son âge.

22. Un banquier qui a 15635 fr. dans sa caisse en doit donner 6948 : combien lui en restera-t-il ?

23. La cathédrale de Strasbourg a 165 mètres

de hauteur : on demande de combien elle dépasse la plate-forme, qui n'a que 87 mètres de hauteur?

24. En 1848 il y avait 4564 étudiants en droit à Paris, et en 1849 il n'y en avait que 3645 : de combien le nombre des étudiants était-il diminué ?

25. Un canon de 12 a lancé un boulet à 1564 mètres, et un canon de 8 en a lancé un à 1297 mètres : on demande combien ce second boulet a parcouru de mètres de moins que le premier?

26. Une des légions de la garde nationale de Paris contient 12863 hommes : on demande combien il y en a aujourd'hui à la revue, sachant qu'il en manque 47 pour cause de maladie, 108 pour cause de voyage, 39 pour service de garde et 1347 par négligence.

27. Un écolier fait écrire à l'un de ses camarades deux nombres de quatre chiffres chacun, par exemple 3452 et 6427 ; puis, il en écrit aussi un, par exemple 1037 ; ensuite il lui demande de trouver un quatrième nombre qui, ajouté aux précédents, donne 50000 : que doit-il faire pour cela ?

28. En commençant la semaine dernière, un banquier avait dans sa caisse 17563 fr.; le lundi, il a reçu 4561 fr. et déboursé 530 fr.; le mardi, il a déboursé 1556 fr.; le mercredi, il a reçu 2000 fr. et déboursé 11000 fr.; enfin, chacun des autres jours, il a reçu 5000 fr. : on demande ce qu'il a dans sa caisse de plus à la fin de la semaine qu'au commencement.

29. Des vivres sont expédiés pour quatre jours à un régiment qui se compose de 2847 soldats; mais, dans l'intervalle, il livre un combat et perd 762 hommes : on demande combien il restera de

rations, sachant que chaque soldat en a une par jour.

30. Un général qui commande dix régiments, dont six d'infanterie de 2548 soldats chacun, et les autres de cavalerie et de 657 soldats chacun, a perdu en un même jour, 137 soldats par régiment d'infanterie, 83 par régiment de cavalerie, et reçu des recrues de 65 hommes pour chaque régiment d'infanterie et de 27 pour chaque régiment de cavalerie : on demande combien il a de soldats de moins le lendemain.

IV. *Problèmes et exercices sur la multiplication.*

31. Un écolier reçoit 3 fr. de son père chaque fois qu'il est premier, et 2 fr. de sa mère : combien a-t-il reçu cette semaine, sachant que lundi il a été premier en thème et en musique; mercredi, en écriture et en dessin, et aujourd'hui samedi, en calcul et en orthographe.

32. Un cheval fait 49 pas en une minute : on demande combien par heure.

33. Combien faut-il de rations à un bataillon de 768 soldats, pour qu'ils puissent rester 8 jours en campagne?

34. Un enfant est né le 15 décembre 1841 : donner en jours l'âge qu'il avait le 13 février 1849.

35. Un enfant est né le 3 mars 1840 à 9 heures du matin : on demande, en heures, l'âge qu'il avait le 4 janvier 1849 à 7 heures du soir.

36. Un enfant est né le 13 juillet 1844 à 7 heures 35 minutes du matin : on demande en

minutes l'âge qu'il avait le 1er janvier 1849 à midi précis.

37. Un père gagne 9 fr. par jour et en prend 5 pour l'entretien de sa famille et 1 pour ses menus plaisirs : on demande ce qu'il lui reste à la fin de l'année.

38. Quatre voitures sont chargées de pains de sucre : on demande combien elles en conduisent en tout, sachant que chaque cheval doit en traîner 115 pour sa part et que la 1re a trois chevaux, la 2e quatre, la 3e cinq et l'autre sept.

39. La banque de France dépense 418 fr. par jour pour frais ordinaires de ses employés : on demande combien elle dépense par an.

40. Deux courriers sont partis de Paris pour Saint-Pétersbourg à un jour d'intervalle : le premier fait 3 lieues par heure et le second en fait 4 ; on demande : 1° à quelle distance ils seront l'un de l'autre quand le premier aura marché 3 jours ; et 2° à quelle distance ils seront chacun de Saint-Pétersbourg en supposant que cette ville est à 300 lieues de Paris.

41. Un marchand de chevaux échange 468 chevaux, chacun au prix de 755 fr., contre les 755 chevaux, chacun au prix de 468 fr., d'un régiment de cavalerie : on demande ce qu'il reçoit en retour.

42. Une personne achète deux chevaux assortis, à raison de 5 fr. le 1er pied, de 15 fr. le 2e, de 45 fr. le 3e, et ainsi de suite en triplant : quel est le prix des deux chevaux ?

43. Sachant que le son parcourt 337 mètres

par seconde, à quelle distance est un écho qui renvoie la voix au bout de 25 secondes.

44. Un propriétaire qui veut illuminer sa maison reconnaît qu'en mettant 10 lampions sur chaque fenêtre il lui en manquera 9, et que s'il en met seulement 9, il lui en restera 11 : peut-on, d'après ces données, déterminer le nombre des fenêtres de sa maison ?

45. L'éclair et le bruit du tonnerre naissent au même instant dans les nuages, et, à ce même instant, l'éclair est vu sur terre : mais le bruit n'y arrive que plus tard, vu que le son ne parcourt que 337 mètres par seconde : trouver à quelle distance un nuage est de la terre, sachant que le bruit du tonnerre n'y est arrivé qu'après 17 secondes.

46. Si le grain de blé que l'on sème en donne 24, combien en donnera la récolte de 100 grains de blé ?

47. La petite roue d'une montre contient 12 dents : combien fait-elle de tours en une heure, sachant que celle qui la fait aller a jusqu'à 48 dents et fait un tour par minute.

48. Les Hébreux, craignant l'altération d'un livre de leur religion, en ont compté les lettres : on demande ce nombre de lettres, sachant que le livre a 1257 pages, que chaque page contient 28 lignes, et chaque ligne, 38 lettres.

49. Un banquier a fait un payement à la place de l'un de ses confrères, sous la condition qu'au bout d'un mois il lui rendrait, outre la somme qu'il a déboursée, autant de fois 2 francs qu'il y a de

fois 100 fr. dans cette somme : que doit-il recevoir si celle-ci est de 119500 fr. ?

50. Trouver, dans le système décimal, la valeur du nombre représenté par les chiffres 5, 7 et 2 dans le système octaval.

V. *Problèmes et exercices sur la division.*

51. Un maître distribue 72 oranges à 8 élèves : combien chacun en aura-t-il ?

52. Une locomotive qui viendrait de Strasbourg à Paris en 9 heures, combien ferait-elle de kilomètres à l'heure, sachant que la distance de ces deux villes est de 432 kilomètres ?

53. Par quel nombre faut-il multiplier 7 pour avoir 59213 ?

54. Un entrepreneur a payé 598684 centimes à 97 ouvriers pour une année de travail : combien a-t-il donné à chacun ?

55. Des ouvriers, au nombre de 5739, ont extrait pour 26996256 fr. d'or des mines de la Californie en 12 jours : combien chacun a-t-il gagné par jour ?

56. Une famille dépense 6570 fr. par an : combien dépense-t-elle par jour ?

57. Un régiment de 2564 hommes coûte 1499940 fr. par an à l'Etat : combien coûte chaque soldat ?

58. La lumière nous arrive du soleil en 8 minutes 13 secondes, et cet astre est à 35000000 de lieues de la terre : combien la lumière parcourt-elle de lieues par seconde ?

59. Un réservoir contient 14875 litres d'eau ; il est à sec : on demande en combien de temps il

serait rempli par un courant d'eau qui donne 35 litres d'eau par minute.

60. Une grammaire française contient 140000 lettres; chaque page, 25 lignes, et chaque ligne, 35 lettres : combien contient-elle de pages?

61. Trois voitures sont chargées de 1800 planches; chacune est traînée par 5 chevaux : on demande combien chaque cheval traîne de planches pour sa part.

62. Les 1654 chevaux de trois régiments de cavalerie ont été achetés en Prusse; le prix d'achat est 1560216 fr.; le prix d'entrée en France, de 7848 fr. : quel est le prix d'un cheval?

63. Il y a 750 membres à l'assemblée législative; ils reçoivent chacun 9000 fr. par an : on demande combien cela fait par mois pour chacun des 86 départements de la France, s'ils payent chacun la même somme?

64. Un navire marchand a une cargaison estimée à 3500000 francs; elle est assurée contre les naufrages à raison de 385 fr. par chaque 1000 fr. de perte. Si la cargaison est entièrement naufragée, que payera l'assureur?

65. Sachant que 100 francs en argent pèsent une livre, et qu'on a des chevaux qui traînent chacun 1687 livres, combien faudrait-il de ces chevaux pour traîner 1561785234 fr.?

66. Un Espagnol a pour 57024 fr. en quadruples pistoles de son pays : si chaque quadruple est de 81 fr., combien en a-t-il?

67. On a employé 54 mètres de toile pour faire 6 nappes : combien ferait-on de douzaines de nappes avec 100000 mètres de la même toile?

68. Le tailleur d'un collége s'est chargé de fournir un habit et un pantalon à chacun des 468 élèves pour la somme de 100000 fr. : on demande le prix d'un habit, sachant qu'il est triple du prix d'un pantalon.

69. Un négociant a acheté 12465 kilogrammes de café pour 37395 fr. et les a revendus pour 49860 fr. : on demande combien il a gagné par kilogramme.

70. Les pavés du péristyle du Panthéon sont tous égaux et au nombre de 625 ; ils ont été payés 50000 fr. au fournisseur, au tailleur de pierre et au voiturier : on demande ce que le premier a reçu par pavé, sachant qu'il a eu la même somme que le tailleur, qui a eu le double du voiturier.

FRACTIONS DÉCIMALES
ET NOMBRES DÉCIMAUX.

VI. *Problèmes et exercices sur la numération des fractions décimales et des nombres décimaux.*

71. Écrire les fractions décimales 47 dix-millièmes et 537 millionièmes.

72. Écrire les nombres décimaux sept unités quarante-trois cent-millièmes, et dix-neuf unités quarante-cinq mille huit cent trente-neuf cent-millionièmes.

73. Énoncer les fractions décimales 0,003029 et 0,0005400.

74. Rendre la fraction 0,003020 cent fois plus petite, et la fraction 0,0005400 mille fois plus grande.

75. Énoncer les nombres décimaux 5,00047 et 58,00040017, et rendre le premier mille fois plus grand et l'autre cent fois plus petit.

VII. *Problèmes et exercices sur l'addition des fractions décimales et des nombres décimaux.*

76. Un écolier a passé 0,83 d'heure à jouer, étant en classe, 0,37 à manger son déjeuner, 0,8 à faire un pensum : on demande combien de temps il a écouté son professeur, sachant que la classe n'a duré que 2 heures.

77. Un piéton qui marche depuis trois jours a fait 7kil.,35 le premier jour, 8kil.,504 le second, et 9kil.,09 le troisième : de quelle distance vient-il?

78. Le trésorier d'un régiment a donné 1535f.,65 au maître tailleur; 1246fr.,35 au maître cordonnier, et 45fr.,80 au vaguemestre : qu'a-t-il donné en tout?

79. Un voiturier a sur sa voiture 250 kilog.,85 de houille, 945kilog.,48 de fer, et 1249,39 de plomb : quelle est la charge de sa voiture?

80. Quatre cantonniers se sont chargés de l'entretien d'une route, chacun pour les longueurs respectives de 856m.,85, 948m.,35, 627,89 et 802 mètres : quelle est la longueur de cette route?

VIII. *Problèmes et exercices sur la soustraction des fractions décimales et des nombres décimaux.*

81. Sur la durée de 2 heures 5 dixièmes d'une classe, un écolier a passé 0h.,83 à causer et 0h.,37 à manger son déjeuner : combien de temps a-t-il été attentif?

82. Si d'un pot de confiture dont il ne reste que les 0,907, un gourmand en prend encore 0,1026, qu'en restera-t-il ?

83. Deux frères doivent toucher une somme de 2567 fr.; l'un a 945$^{fr.}$,45 : que restera-t-il à l'autre ?

84. Une cloche pèse 800$^{kil.}$,95 et contient 754$^{kil.}$,38 de cuivre; on demande le poids du reste, qui est d'étain ?

85. Deux cantonniers sont chargés de l'entretien d'une route de 3$^{kilom.}$,5 de longueur ; la part de l'un est de 1250 mètres : quelle est celle de l'autre ?

IX. *Problèmes et exercices sur la multiplication des nombres décimaux et des fractions décimales.*

86. Un courrier fait 3$^{kil.}$,37 par heure : combien fera-t-il de kilomètres en 8$^{h.}$,89 ?

87. Un boulanger met 0$^{kilog.}$,15 d'eau par kilogr. de farine : combien en met-il dans 54$^{kilog.}$, 935 ?

88. Dans un kilogramme de poudre il y a 25 centièmes de kilogr. de charbon : combien 17$^{kil.}$,5 de poudre contiennent-ils de charbon ?

89. Dans un litre de vin il y a 0,35 d'eau : combien y a-t-il d'eau dans 85$^{lit.}$,235 ?

90. Dans 1 kilogr. d'eau de l'Océan il y a 0$^{kil.}$,065 de sel : on demande combien il y en a dans 6435$^{kil.}$,89.

X. *Problèmes et exercices sur la division des nombres décimaux et des fractions décimales.*

91. Par quel nombre faut-il multiplier 0,54 pour avoir 0,986 ?

92. Si $0^{\text{kilog.}},15$ d'eau se mêle à un kilogramme de farine, à combien de kilogrammes de farine seront mêlées $824^{\text{kilog.}},025$ d'eau ?

93. Un coureur parcourt $9^{\text{kilom.}},265$, en $2^{\text{h.}},305$: combien parcourt-il de kilomètres à l'heure ?

94. Dans le métal d'une cloche il entre $0^{\text{k.}},05$ d'étain par kilogramme : dans combien de kilogrammes de ce métal entreront 127 kilogrammes d'étain ?

95. Sachant que $5438^{\text{kil.}},95$ d'eau de l'Océan contiennent $353^{\text{kil.}},53175$ de sel, trouver combien 1 kilogramme en contient.

XI. *Problèmes et exercices sur l'approximation des quotients par les fractions décimales.*

96. On demande, à un millième de franc près, ce que 3 enfants ont eu chacun de la fortune de leur père, laquelle s'élevait à 100000 francs.

97. Un passementier a brodé le collet d'un habit de général en $9^{\text{h.}},45$: on demande, à moins d'un cent-millième d'heure, combien il en a brodé par heure.

98. Une mère pèse 100 kilogr. et son enfant 26 : combien faudrait-il à 0,00001 près d'enfants de même poids pour peser autant que la mère ?

99. Le contour du fond de mon chapeau est de $6^{\text{décim.}},28318$, et son diamètre de 2 décim. : trouver, à moins de $0^{\text{déc.}},00001$, combien le contour vaut le diamètre.

100. Le contour d'une colonne vaut $4^{\text{m.}},58$, et contient son diamètre un nombre de fois marqué par 3,14159 : trouver ce diamètre, à moins de $0^{\text{m.}},001$.

SYSTÈME LÉGAL
DES POIDS ET MESURES.

XII. *Problèmes et exercices sur le système légal des poids et mesures.*

101. A raison de 35$^{f.}$,25 le myriamètre d'un certain ruban, à combien le mètre?

102. On a acheté 10$^{m.}$,54 de drap pour 415 fr. : quel est le prix du mètre?

103. Une voiture de houille qui pèse 6 milliers métriques a été vendue 564$^{fr.}$,25 : quel est le prix du myriagramme?

104. Combien coûtent 85$^{k.}$,645 de soie à raison de 0$^{fr.}$,15 le décagramme?

105. Quelle serait la hauteur d'un déciare, s'il avait même longueur que l'are?

106. Quelle serait la hauteur d'un centiare qui aurait même longueur que l'are.

107. Combien 1 stère d'eau contient-il de litres?

108. Combien 1 stère d'eau pure pèse-t-il de kilogrammes?

109. Combien 1 litre d'eau pure pèse-t-il de kilogrammes?

110. Combien 1 tonneau qui pèse 4 quintaux métriques et 8 dixièmes, lorsqu'il est rempli d'eau pure, et seulement 35$^{k.}$,43, lorsqu'il est vide, contient-il d'hectolitres?

111. Un litre d'alcool pèse 0$^{k.}$,7 : quel est le poids de hectolitres 2,5?

112. La densité d'un certain vin est les 0,9 de

celle de l'eau : quel est le poids de 150 hectolitres de ce vin ?

113. Quel est le poids de 20 pièces de 5 francs?

114. Un bateau, chargé tant de bois que de blé, porte 10 milliers métriques; il y a 5 stères de ce bois dont la densité est 0,9 : combien y a-t-il d'hectolitres de blé, sachant que sa densité est de 0,87?

115. On a 54 kilogrammes d'argent pur : combien en retirerait-on d'argent monnayé au titre légal?

116. Combien 1000 fr. en pièces de 5 fr. contiennent-ils d'argent pur ?

117. Sachant que tout poids d'or pur vaut 15,5... fois un égal poids d'argent pur, trouver le poids de l'or pur de la pièce de 20 francs.

118. Un sac d'argent pèse 1640 grammes : combien contient-il de francs?

119. Combien la circonférence de la terre vaut-elle de myriamètres?

120. Combien un degré terrestre vaut-il de kilomètres?

121. Combien un grade terrestre vaut-il d'hectomètres?

122. Combien 2500 myriagrammes valent-ils 1° de milliers, 2° de quintaux métriques?

123. Il y a 117 malades dans un hôpital; ils reçoivent 25 litres de vin par jour : on demande combien un seul reçoit de décilitres?

124. Un collégien a mangé un pain de sucre de 4 kilogrammes dans le mois de janvier; et il y a mis tant de précautions, qu'il a mangé chaque jour la même quantité : quelle est cette quantité en décagrammes ?

125. Une mère dit à son fils : La chaîne de ma montre pèse 125 grammes et contient mille anneaux : combien un de ces anneaux pèse-t-il de milligrammes?

126. Quelle serait la hauteur d'un décistère qui aurait même longueur et même largeur que le stère?

127. Quelle serait la hauteur d'un décimètre cube qui aurait même longueur et même largeur que le stère?

128. Combien 3 décistères valent-ils de décimètres cubes?

129. Le billon (petite pièce de 10 centimes) pesait 2 grammes et était au titre de 0,2 : on demande combien 100 francs en billons contenaient d'argent fin?

130. La vaisselle d'argent est au titre de 0,7 : combien une poche d'argent du poids de 3 hectogrammes contient-elle de cuivre?

131. La moitié de l'alliage des monnaies d'or est en argent : combien y a-t-il de cuivre dans une pièce de 20 francs, dont le poids est $6^{gr.},45161$?

132. L'or des bijoux est, au titre légal, 0,9 : quel est le poids d'une chaîne d'or contenant 5 grammes d'or pur?

133. S'il y a 25 grammes d'alliage dans un lingot au titre légal, que pèse-t-il en hectogrammes?

134. Quel est le poids d'un bijou d'Allemagne qui est au titre 0,7 et contient 6 grammes de cuivre?

135. Une cloche pèse 1564 kilogr. dont les 0,92

sont en cuivre et le reste en étain : trouver le poids de l'étain.

XIII. *Problèmes et exercices sur la divisibilité des nombres entiers.*

136. Quelle est la plus grande commune mesure de deux règles dont l'une a $0^{m},72$ de longueur et l'autre $0^{m},15$?

137. Des différents nombres contenus à la fois dans 324 et 162, quel est le plus grand ?

138. Pourquoi la commune mesure trouvée pour la solution de 136 n'exprime-t-elle pas des mètres ?

139. Quelle est la condition pour qu'un nombre soit exactement divisible par 8 ?

140. Quelle est la plus grande règle contenue à la fois dans trois règles dont les longueurs sont respectivement de $0^{m},81$, $0^{m},72$ et $0^{m},21$?

141. Lorsque deux nombres sont terminés par le même chiffre, leur somme et leur différence est divisible par 2.

142. Comment peut-on, sans faire la division de 65827 par 15, reconnaître si elle est possible ?

143. Comment peut-on, sans faire la division de 9828 par 18, reconnaître si elle est possible?

144. Quel est le reste de la division de 184275 par 11 ?

145. Quel est le moyen de reconnaître si 98910 est divisible par 45 ?

146. Quel est le moyen de reconnaître si 68423322 est divisible par 33?

147. Le nombre 26996898 est-il le produit exact de 5739 par 4704 ?

148. Le nombre 600078 est-il le quotient exact de 125416302 par 209 ?

149. Le nombre 3571 est-il le produit exact de 274 par 13 ?

150. Le nombre 14370 est-il le produit exact de 213 par 67?

XIV. *Problèmes et exercices sur l'addition des fractions ordinaires ou fractions à deux termes.*

151. Un enfant a eu le $\frac{1}{5}$ de l'orange que son père a donnée à sa sœur et les $\frac{3}{5}$ de celle qu'il a donnée à sa mère ; quelle part a-t-il eue ?

152. Un enfant a eu le $\frac{1}{4}$ de la pomme de sa sœur et le $\frac{1}{3}$ de celle de sa mère : quelle part a-t-il eue ?

153. Une première fois un enfant a eu les $\frac{3}{4}$ d'une pomme, et une seconde, les $\frac{8}{11}$ d'une autre pomme égale : a-t-il eu plus dans une circonstance que dans l'autre?

154. Un boulanger a donné 13 sacs de farine à ses 4 enfants : combien chacun a-t-il eu de sacs et de parties de sac ?

155. Un autre boulanger a donné 23 sacs de farine à ses 4 enfants : combien chacun a-t-il eu de sacs et de parties de sac?

156. Un coureur fait 8 myriamètres en 5 heures ; un autre en fait 17 en 13 heures : on veut savoir quel est celui qui va le plus vite ?

157. Un écolier qui avait $\frac{3}{4}$ d'heure pour étudier sa leçon a mis $\frac{1}{2}$ heure à faire un pensum et $\frac{1}{4}$ d'heure à manger son pain : combien de temps a-t-il étudié sa leçon ?

158. Une carafe pèse $\frac{2}{7}$ de kilogramme quand elle

est vide ; on la remplit en y versant $\frac{3}{8}$ de kilogr. de vin et $\frac{3}{15}$ de kilogr. d'eau : que pèse-t-elle quand elle est pleine ?

159. Un marchand vend successivement $\frac{4}{7}$, $\frac{2}{5}$, $\frac{5}{18}$ et $\frac{9}{16}$ de mètre de velours : combien en vend-il en tout ?

160. Un menuisier achète $\frac{3}{4}$ de kilogramme de grosses pointes, $\frac{3}{7}$ de kilogr. de moyennes, et $\frac{5}{11}$ de kilogr. de petites ; combien en achète-t-il en tout ?

XV. *Problèmes et exercices sur les nombres ou expressions fractionnaires.*

161. Dans 2 oranges et $\frac{3}{7}$ d'orange, combien y a-t-il de septièmes d'orange ?

162. Combien 7 pommes font-elles de cinquièmes de pomme ?

163. Combien $\frac{35}{9}$ de mètre de toile font-ils de mètres ?

164. Un écolier a pris à sa sœur la moitié d'un cornet de dragées, à son père les $\frac{3}{4}$ du sien et à sa mère les $\frac{2}{3}$ du sien : combien a-t-il pris de cornets ?

165. Un piéton dit qu'il a fait une marche de $\frac{35}{4}$ d'heure sans manger : on voudrait savoir combien il a été d'heures sans manger ?

XVI. *Problèmes et exercices sur la formation des multiples et en particulier du plus petit multiple de plusieurs nombres donnés.*

166. Quel est le multiple des nombres 3, 4 et 15, dont la formation ne dépend que de la multiplication ?

167. Quel est le multiple des nombres 2, 13 et 137 ?

168. Quels sont les facteurs tant simples que composés, de 360 ?

169. Quels sont les facteurs communs à 360 et à 162.

170. Quels sont les facteurs communs à 84 et à 1953 ?

171. Quel est le plus simple ou plus petit multiple des nombres 3, 4 et 15 ?

172. Quel est le plus petit multiple des nombres 12, 14 et 21 ?

173. Une modiste a vendu $\frac{2}{3}$ de mètre de dentelle à une première personne, $\frac{5}{6}$ à une seconde et $\frac{7}{12}$ à une troisième : on demande combien elle en a vendu de douzièmes ?

174. Quel est le plus petit multiple des dénominateurs des fractions $\frac{3}{4}$, $\frac{6}{10}$, $\frac{3}{7}$, $\frac{5}{24}$.

175. Il y a aux Gobelins trois ouvriers qui travaillent depuis 1 an au même tapis ; le premier en a fait $\frac{11}{12}$ de mètre, le second $\frac{13}{15}$, le troisième $\frac{17}{16}$: on demande combien ils en ont fait de mètres ?

XVII. *Problèmes et exercices sur la simplification des fractions.*

176. Simplifier la fraction $\frac{12}{20}$.

177. Un passementier a brodé dans une journée les $\frac{54}{162}$ d'une chasuble : on voudrait savoir si son travail ne pourrait pas être exprimé par des nombres plus petits qui permissent de mieux l'apprécier.

178. Un horloger a mis $\frac{3}{8}$ d'heure pour réparer une première montre et $\frac{15}{8}$ pour en réparer une

seconde : on voudrait l'expression la plus simple de la durée de son travail?

179. Une fontaine remplit un bassin en 6 heures, et une autre en 12 heures : quelle portion en remplissent-elles ensemble dans 1 heure ?

180. Un piéton a fait à 5 reprises, et chaque fois dans 12 minutes, $\frac{1}{2}$, $\frac{3}{4}$, $\frac{4}{7}$, $\frac{5}{8}$ et $\frac{9}{14}$ de lieue : qu'a-t-il fait en 1 heure?

XVIII. *Problèmes et exercices sur la soustraction des fractions ordinaires.*

181. Quelle différence y a-t-il entre $\frac{3}{4}$ et $\frac{33}{44}$?

182. Les $\frac{7}{8}$ d'un mètre de ruban ont été vendus à une première personne et le reste à une seconde : combien la première a-t-elle acheté de ruban de plus que la seconde?

183. Un bassin est rempli par une fontaine en 9 heures, et vidé par un déversoir en 15 : que contient-il quand ces deux ouvertures ont laissé ensemble l'eau arriver et s'écouler pendant 1 heure?

184. Un berger a vendu les $\frac{7}{19}$ de son troupeau à un premier boucher, et les $\frac{9}{23}$ à un autre : combien l'un des bouchers a-t-il acheté du troupeau de plus que l'autre?

185. D'une pièce de drap qui contenait $\frac{3}{4}$ de mètre on a vendu $\frac{33}{44}$ de mètre : combien en reste-t-il?

XIX. *Problèmes et exercices sur la multiplication des fractions ordinaires ou sur la formation des fractions de fractions.*

186. Quel est le produit de $\frac{4}{7}$ par $\frac{2}{3}$?

187. Quel est le produit de $\frac{3}{8}$ par $\frac{5}{3}$?

188. Quelle est la fraction qui, divisée par $\frac{3}{4}$, donne $\frac{6}{7}$ pour quotient ?

189. Une maison est échue à 4 héritiers également ; l'un achète la part de deux des autres, puis il vend les $\frac{5}{8}$ de tout ce qu'il en possède : que lui en reste-t-il ?

190. Un chasseur n'a plus dans sa poire à poudre que les $\frac{2}{9}$ de ce qu'elle peut contenir : il en prend encore les $\frac{3}{32}$ pour charger son fusil : que reste-t-il ensuite dans sa poudrière ?

191. Un écolier n'a plus que les $\frac{2}{3}$ de son déjeuner, et un autre lui prend les $\frac{3}{4}$ de ce qui lui reste : combien l'écolier a-t-il mangé de son déjeuner ?

192. Un écolier demande à son professeur de calcul de ne le retenir après la classe que les $\frac{2}{5}$ du temps auquel il l'a condamné ; celui-ci y consent, pourvu que l'écolier, d'abord condamné à rester $\frac{3}{4}$ d'heure, puisse dire combien il y restera ensuite : on voudrait connaître ce temps ?

193. Un orfèvre avait un lingot d'or qui pesait $\frac{7}{8}$ d'hectogramme ; il en a pris les $\frac{4}{7}$ pour faire deux chaînes d'or de même poids : que pèse chaque chaîne ?

194. Un chimiste avait $\frac{1}{8}$ d'once d'or ; il en a pris $\frac{1}{9}$ qu'il a partagé entre 5 combinaisons : combien y a-t-il d'or en chaque combinaison ?

195. Un joueur gagne dans une première partie les $\frac{5}{9}$ de la somme de son partenaire et dans une seconde les $\frac{3}{10}$ de ce qu'il a gagné dans la première : combien a-t-il gagné en tout ?

XX. *Problèmes et exercices sur la division des fractions ordinaires.*

196. Quelle est la fraction qui, multipliée par $\frac{3}{4}$, donne $\frac{5}{6}$.

197. Un joueur perd deux parties de suite ; à la seconde il perd le $\frac{1}{6}$ de ce qu'il avait en entrant au jeu ou les $\frac{3}{10}$ de ce qu'il a perdu à la première : combien a-t-il perdu à cette première ?

198. Un enfant qui n'avait plus une orange entière put manger la moitié d'une orange et conserver encore quelque chose de la portion qu'il avait : on demande de combien était cette portion, sachant que ce qu'il en a mangé en était les $\frac{8}{12}$.

199. Le capitaine d'un vaisseau sur le point de faire naufrage jette une première fois à la mer une certaine partie de sa cargaison ; une seconde fois il en jette les $\frac{12}{42}$, et il se trouve que ce sont les $\frac{3}{7}$ de ce qu'il y a jeté la première fois : on demande ce qu'il a jeté à la mer cette première fois ?

200. Une tortue qui en poursuit une autre fait, par heure, les $\frac{13}{12}$ du chemin que fait cette autre, et ces $\frac{13}{12}$ font $\frac{1}{30}$ de l'unité itinéraire : on demande quelle fraction de cette unité la tortue poursuivie fait par heure ?

201. Un instituteur a une certaine fraction de ses élèves qui font l'école buissonnière, et les $\frac{5}{28}$, qui sont le $\frac{1}{4}$ de cette fraction, occupés à causer : combien y en a-t-il qui l'écoutent ?

202. Un maître de pension achète son vin près d'un marchand qui met par litre une certaine fraction d'eau ; il met lui-même, par litre, les $\frac{5}{8}$ de ce que met le marchand de vin ; de sorte que les

élèves boivent du vin dont chaque litre contient $\frac{1}{4}$ d'eau : on voudrait savoir la fraction d'eau mise par le marchand de vin ?

203. Bacchus, élève de Silène, trouve un jour son maître endormi près d'un tonneau de vin ; il profite de l'occasion et boit en 1 heure les $\frac{21}{45}$ de ce que son maître boit dans 1 heure, ce qui formait, pour les deux, les $\frac{3}{5}$ du tonneau : on demande ce qu'ils en buvaient chacun dans 1 heure.

204. Un petit-fils n'aura que le $\frac{1}{15}$ de la maison de son grand-père, ce qui est le $\frac{1}{3}$ de ce qu'en avait le père : combien le grand-père avait-il d'enfants ?

205. Un grand-père avait laissé, par portions égales, sa maison à ses enfants, dont l'un acheta les parts de deux des autres ; or un enfant de celui-ci, c'est-à-dire le petit-fils du grand-père, n'aura que les $\frac{30}{40}$ de la maison, bien qu'il ait les $\frac{3}{15}$ de ce qu'en possède son père : on demande combien le grand-père avait d'enfants ?

XXI. *Problèmes et exercices sur les nombres entiers joints à des fractions ou sur les nombres fractionnaires.*

206. Quelle somme donnent $45\frac{2}{3}+7\frac{3}{8}+2\frac{4}{5}$?

207. Quelle somme donnent $2\frac{1}{4}+1\frac{7}{8}+\frac{5}{16}$?

208. Quelle somme donnent $3\frac{4}{5}+9\frac{11}{15}$?

209. Deux ouvriers qui travaillent à creuser un fossé font l'un 1 mètre $\frac{3}{4}$, et l'autre 2 mètres $\frac{1}{8}$ par heure : combien font-ils de mètres en tout dans une heure ?

210. Deux courriers doivent aller à la rencontre l'un de l'autre ; ils partent en même temps de deux

villes qui sont à 10 myriamètres $\frac{1}{2}$ l'une de l'autre; le premier fait 2 myriamètres $\frac{1}{3}$ par heure, et l'autre 1 myriamètre $\frac{11}{12}$: à quelle distance sont-ils l'un de l'autre au bout d'une heure de marche ?

211. On a travaillé à cinq reprises à un même ouvrage : la première $8^{h.}\ \frac{3}{4}$; la deuxième $9^{h.}\ \frac{4}{7}$; la troisième $12^{h.}\ \frac{1}{8}$; la quatrième $10^{h.}\ \frac{2}{7}$ et la cinquième $9^{h.}\ \frac{5}{14}$: combien y a-t-on travaillé d'heures en tout ?

212. Sachant que 55 $\frac{1}{2}$ pièces de vin ont coûté 1685 francs, déterminer combien coûte une pièce

213. Quel est le nombre qui, divisé par 4 $\frac{9}{10}$, donnerait 7 $\frac{4}{5}$?

214. Quel est le nombre qui, multiplié par 2 $\frac{5}{8}$, donnerait 9 $\frac{4}{7}$?

215. Deux fontaines coulent dans un même bassin qui peut contenir un stère d'eau; la première fournit un décilitre $\frac{1}{3}$ par seconde, et l'autre un décilitre $\frac{5}{9}$: en combien de minutes parviendront-elles à remplir ce bassin quand elles coulent ensemble ?

216. Un coureur fait 8 $\frac{1}{3}$ myriamètres à l'heure : combien fera-t-il de myriamètres de 5 $\frac{1}{2}$ heures du matin à midi ?

217. Un coureur a fait 115 $\frac{1}{3}$ myriamètres en 17 $\frac{1}{3}$ heures : combien fait-il de myriamètres à l'heure ?

218. Un meunier a déjà pris les $\frac{2}{7}$ d'un sac de blé pour sa mouture ; son fils, qui l'ignore, prend les $\frac{3}{10}$ du reste pour être sûr de ne pas perdre la mouture : on demande combien le propriétaire retirera de son sac ?

219. Un vigneron, après avoir fait son vin, a rempli chaque pièce en ajoutant $\frac{1}{4}$ d'eau ; le marchand qui l'a acheté a remplacé les $\frac{2}{9}$ du contenu de chaque pièce par une égale quantité d'eau ; enfin le débitant lui-même a remplacé le $\frac{1}{12}$ de chaque pièce par une égale quantité d'eau : on voudrait savoir de quelle qualité est le vin débité par ce dernier?

220. Un écolier demande à son maître l'heure qu'il est ; celui-ci lui répond : Je vais vous donner le moyen de le savoir, et la permission de prendre congé le reste de la classe si vous y parvenez : il est les $\frac{2}{3}$ des $\frac{4}{5}$ de midi. L'élève a répondu à la question et a eu $\frac{3}{5}$ d'heure de congé : à quelle heure devait-il sortir de classe?

221. Un nageur excellent a pu traverser la Seine en ne faisant que 50 brasses : en combien de brasses un autre, dont la brasse ne vaut que les $\frac{4}{5}$ de celle du premier, traversera-t-il ce même fleuve?

222. Un déserteur, voyant un gendarme venir à lui, se sauve et arrive par 87 sauts dans un fossé duquel il ne peut sortir : on demande combien le gendarme fera de sauts pour parcourir la même distance, sachant qu'un saut du gendarme vaut les [illegible] de celui du déserteur ?

223. Un commandant d'infanterie a 800 hommes dans son bataillon, et un chef d'escadron n'en a que le $\frac{1}{4}$ et demi dans son escadron : combien y a-t-il d'hommes dans l'escadron?

224. Un litre de vin pèse les $\frac{9}{10}$ d'un litre d'eau, et un litre d'huile pèse les $\frac{8}{9}$ d'un litre de vin : combien un litre d'huile pèse-t-il de moins qu'un litre d'eau ?

225. Un soldat a deux paniers égaux qui contiennent, l'un 20 pains $\frac{1}{2}$, pesant chacun $\frac{3}{4}$ de kilo-

gramme, et l'autre, 39 $\frac{1}{2}$, pesant chacun $\frac{2}{3}$ de kilogramme : quel est le plus lourd des deux ?

XXII. *Problèmes et exercices sur la conversion des nombres fractionnaires en nombres décimaux, et réciproquement.*

226. Quel est le nombre décimal équivalent à 7 $\frac{13}{16}$?

227. Un marchand a vendu 5 mètres et $\frac{6}{8}$ de drap : trouver combien cela fait en nombre décimal.

228. Trois écoliers ont bu, en cachette de leur maître, 4 litres et $\frac{7}{20}$ de litre de vin : on demande combien cela fait en sous-multiples décimaux du litre, pour chaque écolier ?

229. Une tante a donné à sa nièce 7 $\frac{2}{3}$ mètres de velours pour une robe : on voudrait savoir combien cela fait en mètres et sous-multiples décimaux du mètre ?

230. On a employé 3 $\frac{5}{12}$ mètres à la confection d'un manteau : on voudrait savoir combien cela fait en nombre décimal du mètre ?

231. On a eu 184 $\frac{1}{2}$ sacs de blé pour 3000 fr. : on demande le prix du sac, à moins d'un centime ?

232. A raison de 6 $\frac{1}{2}$ fr. le mètre d'ouvrage, combien coûtent 45 $\frac{2}{21}$ de cet ouvrage ?

233. Quel est le nombre fractionnaire équivalent au nombre décimal 9,45 ?

234. Quel est le nombre fractionnaire équivalent au nombre décimal 4,2727... ?

235. Quel est le nombre fractionnaire équivalent au nombre décimal 8,3272727...?

XXIII. *Problèmes et exercices sur la conversion des fractions ordinaires en fractions décimales, et réciproquement.*

236. Combien $\frac{7}{8}$ de mètre font-ils de décimètres?

237. Quels sont les sous-multiples du mètre contenus dans $\frac{4}{17}$ de mètre?

238. Une chaîne d'or pèse $\frac{4}{15}$ d'hectogramme : on voudrait savoir combien elle pèse de grammes?

239. Un lycéen a sauté un fossé qui a $\frac{7}{18}$ de décamètre de large : il demande à un autre combien il a sauté de mètres?

240. En cherchant quelle longueur d'un ruban de soie elle avait eue pour 1 fr., la sœur d'un écolier a trouvé 0^{m},625 : elle voudrait que son frère lui dît combien cela fait dans la fraction ordinaire la plus simple?

241. En payant une chaîne d'or une certaine somme, la mère d'un écolier a trouvé qu'elle lui revenait à 1 fr. par $0^{gramm.}$,363636...: quelle fraction ordinaire a-t-elle eue pour 1 franc?

242. Un orfévre achète 1 lingot d'argent : il se trouve qu'il le paye sur le pied de 1 franc par $0^{décagr.}$,9272727 : on demande quelle fraction ordinaire du décagramme il a eue pour 1 franc?

243. Quel est le prix de 12 $\frac{1}{2}$ mètres de drap à raison de $22^{fr.}$,25 le mètre?

244. Si 54 $\frac{3}{7}$ pièces de vin ont coûté $1568^{fr.}$,65, combien coûteront 18 $\frac{1}{7}$ pièces du même vin?

245. Un orfévre avait d'abord mis 47 $\frac{1}{2}$ grammes

d'or dans un creuset pour faire une cuvette de montre ; mais il en a retiré 2gr.,67 : combien pèsera la cuvette ?

246. En combien de temps un courrier qui fait $7\frac{5}{6}$ kilomètres par heure ira-t-il de Paris à Strasbourg, sachant que la distance de ces deux villes est de 448kil.,345 ?

247. Une personne avait un coupon de drap de mètre 0,88 ; elle en a donné les $\frac{3}{4}$: dire ce qu'elle en a donné et ce qu'il lui en reste.

248. Un propriétaire possède une ferme évaluée 100000 fr. ; il en vend les $\frac{3}{8}$ à une première personne, et à une seconde les $\frac{2}{3}$ de ce qu'elle a vendu à la première : on demande, à un centime près, ce qu'un troisième acheteur doit lui donner pour le reste ?

249. Une pièce de canon pèse $4\frac{1}{3}$ milliers métriques : on demande, à un gramme près, ce qu'en traîne chacun des 3 chevaux qui la conduisent, en les supposant de même force ?

250. Trois chevaux traînent un monolithe qui pèse 17 milliers métriques ; deux sont de même force, mais le troisième a une force double de chacun de ces deux-ci : on demande le poids traîné par chaque cheval ?

XXIV. *Problèmes et exercices sur la transformation des mesures anciennes en nouvelles, et réciproquement.*

251. Sachant que le quart de la circonférence de la terre est de 5130740 toises, trouver combien 15 mètres valent de toises.

252. Trouver, au moyen de la même donnée, combien 17 toises valent de mètres.

253. Trouver combien 46 mètres valent de pieds.

254. Trouver combien 40 pieds valent de mètres.

255. Déterminer combien aunes 2 $\frac{1}{2}$ valent de mètres.

256. Déterminer combien mètres 4,56 valent d'aunes.

257. Combien 15 myriamètres valent-ils de lieues terrestres ?

258. Trouver combien 20 lieues terrestres valent de myriamètres.

259. Trouver combien 7 myriamètres valent de lieues de poste.

260. Déterminer combien 50 lieues de poste valent de myriamètres.

261. Combien 18 myriamètres valent-ils de lieues marines ?

262. Combien 400 lieues marines valent-elles de myriamètres ?

263. Combien 45 degrés terrestres valent-ils de mètres ?

264. Combien 45 degrés terrestres valent ils de lieues ?

265. Combien 15 grades valent-ils de degrés ?

266. Combien 25° 35′ 15″ valent-ils en grades ?

267. Combien 22 degrés centigrades valent-ils de degrés de Réaumur ?

268. Combien 45 degrés terrestres valent-ils de toises ?

269. Combien 25 grades terrestres valent-ils 1° de toises, 2° de mètres, 3° de lieues, 4° de myriamètres?

270. Combien 1 minute terrestre (ancienne) vaut-elle de toises?

271. Combien 1 minute terrestre (nouvelle) vaut-elle de mètres?

272. Combien 5 hectares valent-ils d'arpents de Paris?

273. Combien 9 arpents de Paris valent-ils d'hectares?

274. Combien 3 hectares valent-ils d'arpents, eaux et forêts?

275. Combien 15 arpents (eaux et forêts) valent-ils d'hectares?

276. Combien 3 ares valent-ils de perches (terres arables)?

277. Combien 15 perches (terres arables) valent-elles d'ares?

278. Combien 7 ares valent-ils de perches (eaux et forêts)?

279. Combien 8 perches (eaux et forêts) valent-elles d'ares?

280. Combien 5 mètres carrés valent-ils de toises carrées?

281. Combien 10 toises carrées valent-elles de mètres carrés?

282. Combien 3 mètres carrés valent-ils de pieds carrés?

283. Combien 12 pieds carrés valent-ils de mètres carrés?

284. Combien 50 stères de bois font-ils de cordes?

285. Combien 18 cordes font-elles de stères?

286. Combien 1 sapin dont le volume est de 5 mètres cubes fait-il de solives?

287. Combien 1 chêne qui contient 10 solives vaut-il de mètres cubes?

288. Combien 4 mètres cubes font-ils de toises cubes?

289. Combien 5 toises cubes font-elles de mètres cubes?

290. Combien 5 mètres cubes valent-ils de pieds cubes?

291. Combien 9 pieds cubes font-ils de mètres cubes?

292. On a 68 hectolitres de vin d'une vigne qui en donnait anciennement 30 muids : on demande si elle en donne plus aujourd'hui qu'autrefois?

293. Un vigneron n'entend vendre son vin qu'au muid; il en cède 10 muids à raison de 150 fr. le muid : combien cela fait-il d'hectolitres, et à combien l'hectolitre?

294. Une fermière des environs de Paris vend 30 muids de blé à un boulanger de cette ville ; à raison de 25 francs l'hectolitre : quelle somme doit-il payer?

295. Un voiturier achète 2 hectolitres d'avoine pour ses chevaux : il voudrait savoir combien cela fait de setiers.

296. Un bateau charge 1000 boisseaux de blé à raison de 5 francs le décalitre : quelle somme doit-il donner?

297. Un bateau a 5000 kilogrammes de bois; il le vend à raison de $0^{fr},05$ la livre : quelle somme cela fait-il?

298. Un orfèvre achète 20 onces d'or à raison de 2fr,85 le gramme : quel est son déboursé ?

299. Un diamant de 46 carats à coûté 1700 francs : à combien revient un grain, sachant qu'un carat pèse 4 grains ?

300. On demande combien 250 francs font en livres tournois, sous et deniers?

XXV. *Problèmes et exercices sur la règle de trois simple (directe).*

301. Un fantassin, en marchant pendant 5 jours, a fait 80 kilomètres : combien en fera-t-il en 15 jours, s'il marche toujours également vite ?

302. Un fantassin a fait 120 myriamètres en 12 jours : combien en a-t-il fait en 4 jours ?

303. Si 15 ouvriers peuvent faire 40 mètres d'ouvrage en un certain temps, combien 24 ouvriers de même force feront-ils de mètres dans ce même temps ?

304. Sachant que les 145 élèves d'une pension ont la même part de leur semaine qui s'élève à 400 fr., trouver combien doivent avoir les 18 élèves de cinquième.

305. Un propriétaire a récolté 500 hectolitres de vin dans 7 hectares de vigne : combien le canton, qui est de 50 hectares, en a-t-il donné ?

306. Douze chevaux de même force traînent 1500 planches de chêne : combien 4 en traînent-ils ?

307. S'il faut 12 heures à une fontaine pour fournir 160 hectolitres d'eau, en combien de temps remplira-t-elle un bassin d'un mètre cube de capacité ?

308. Si trois chevaux d'égale force peuvent

traîner 3000 kilogrammes, combien 4 chevaux, dont 3 sont de même force que les premiers et l'autre d'une force double, pourront-ils en traîner?

309. Un enfant a grandi régulièrement de l'âge d'un an à celui de 11 ans; or, dans les 3 premières de ces 10 années il a grandi de $0^{m},35$: de combien a-t-il grandi dans les 7 autres?

310. Sachant que 25 écoliers ont donné 150 fr. à leur maître pour un mois de leçons, on demande combien le maître a reçu de 15 d'entre eux?

311. Un meunier par 100 hectolitres de blé en prend 12 pour mouture : trouver combien il a d'hectolitres par an, sachant qu'il moud 150 hectolitres par mois.

312. Un ouvrier a reçu 200 fr. pour 43 jours de travail : on demande combien il gagne par an?

313. Dans 27 kilogrammes de métal de cloche, il y a 2 $\frac{1}{2}$ kilogrammes d'étain : combien y a-t-il d'étain dans une cloche de 1500 kilogrammes?

314. Un enfant a dépensé pour plumes, encre et papier 10 fr. dans 25 jours : combien dépensera-t-il dans les 330 jours de l'année scolaire, s'il continue?

315. On a payé 600 fr. pour 18 mètres de drap : quel est le prix de 15 mètres?

316. Un bateau porte 50 stères de bois, dont un décistère pèse 80 kilogrammes : quelle est la charge de ce bateau?

317. Combien 1000 fr. en or pèsent-ils, si la pièce de 20 fr. pèse $6,45161$ grammes?

318. Combien 12000 fr. prêtés à 5 pour 100 rapportent-ils dans un an?

319. A quel taux 15000 fr. sont-ils prêtés pour rapporter 900 fr. l'an?

320. A quel taux une personne a-t-elle prêté 30000 fr. pour avoir 5 fr. de revenu par jour?

XXVI. *Problèmes et exercices sur la règle de trois simple (inverse ou indirecte).*

321. Il faut 12 heures à 4 ouvriers pour faire un certain ouvrage : combien en faudra-t-il à 9?

322. Il y a 200 hommes renfermés dans une citadelle avec des vivres pour 15 jours ; mais 100 de leurs compagnons s'y réfugient : combien de jours dureront les vivres, si les rations restent les mêmes?

323. Un naufragé a sauvé assez de biscuit pour en avoir 1 $\frac{1}{2}$ kilogramme par jour pendant 100 jours ; mais s'il veut le faire durer 150 jours, au bout desquels doit passer un navire sur lequel il montera, à combien d'hectogrammes doit-il réduire sa ration quotidienne?

324. Une famille composée de 4 personnes n'a qu'une certaine somme à dépenser chaque jour en parties égales ; mais trois enfants qu'elle croyait tués à la guerre sont de retour ; alors chacune des 7 personnes dépense 0,75 par jour de moins que chacune des 4 : on voudrait connaître le total.

325. Un panier de 504 marrons est trouvé par 7 écoliers ; à peine ont-ils fini de se les partager, que 21 de leurs camarades qui leur avaient montré le panier veulent qu'un nouveau partage soit fait : quel sera le rapport d'une part ancienne à une nouvelle?

326. Un vigneron a deux sortes de fûts : chaque

fût de la première espèce contient $2\frac{1}{2}$ fûts de la seconde ; et s'il lui faut 160 fûts de la première espèce pour renfermer un certain nombre d'hectolitres de vin, combien lui en faudra-t-il de la seconde ?

327. Une personne a acheté une pièce de drap qui a 5 mètres de long sur $1\frac{1}{2}$ de large : quelle longueur doit-elle prendre dans une toile qui n'a que $\frac{1}{2}$ mètre de large pour avoir de quoi doubler cette pièce de drap ?

328. Un mur a $2\frac{1}{2}$ mètres de haut et 5 mètres de longueur : on demande quelle longueur il faut prendre dans un papier de 0m,8 de large, pour avoir de quoi tapisser ce mur ?

329. Il fallait 15 navires d'égale grandeur pour transporter 300000 kilogrammes de fer : on demande combien il faudrait de vaisseaux d'une grandeur quintuple ?

330. Un tapis a 4 mètres de chaque côté : quelle longueur faut-il prendre dans une toile de 1 mètre de largeur pour avoir de quoi le doubler ?

331. Un ébéniste veut plaquer en palissandre une table de $1\frac{1}{2}$ mètre de long sur $\frac{2}{3}$ de mètre de large : combien devra-t-il prendre de ces feuilles de palissandre, qui ont chacune 1 mètre de long sur 0m,25 de large ?

332. Un maître de pension avait besoin, pour les études, de 8 salles contenant chacune 25 élèves : combien lui faudra-t-il de salles pouvant contenir chacune 40 élèves ?

333. Le menuisier qui mesure une longueur fait un trait à l'ocre rouge à la suite de chaque unité

qu'il trouve; or, en se servant du mètre pour mesurer un sapin, un menuisier a fait 35 traits: combien en eût-il fait s'il eût pris le double décimètre pour unité?

334. Un seigneur qui avait 15 domestiques leur donnait 12000 fr. par an; maintenant qu'il en a 18, il leur donne encore la même somme: combien un domestique a-t-il de moins qu'autrefois?

335. Un fermier devait payer 10000 fr. de canon à son propriétaire; mais comme il entretenait 2 chevaux de celui-ci, il n'en payait que 8000: combien en payera-t-il maintenant qu'il entretient 5 chevaux du propriétaire?

336. Les nouveaux carreaux de ma fenêtre sont triples des anciens, dont elle contenait 24: combien en contient-elle des nouveaux?

337. Un maître de pension continue à donner aux 60 élèves qu'il a aujourd'hui les 6 litres de vin qu'il donnait aux 45 qu'il avait d'abord: on demande le rapport de ce que chacun avait à ce que chacun a aujourd'hui?

338. Un terrassier fait dans un mois 100 mètres dans un terrain de 3 degrés de difficulté: combien en fera-t-il, dans le même temps, dans un terrain de 7 degrés de difficulté?

339. Trois fontaines remplissent séparément un bassin en 15 minutes: en combien de temps le rempliront-elles en coulant ensemble?

340. Il faut 12 pages pour écrire la Constitution française, quand on ne met que 300 lettres par feuille: combien en faudra-t-il de pareilles si on met 500 lettres par page?

341. Deux écoliers ont le même papier et

écrivent également gros; mais l'un fait une marge du tiers de chaque feuille, et l'autre n'en fait point; celui-ci a eu besoin de 24 feuilles pour écrire l'histoire de Henri IV : combien l'autre en a-t-il mis?

342. Un terrassier a fait 7 mètres de longueur d'un fossé qui n'a que 1 mètre de large : combien en eût-il fait si la largeur eût été de 3 mètres?

343. Si 15 ouvriers font 12 mètres par jour d'un canal qui a 2 mètres de profondeur, combien en feraient-ils si ce canal avait 3 mètres de profondeur au lieu de 2?

344. Il y avait 7 $\frac{1}{2}$ litres de vin dans un broc près duquel passaient 3 collégiens; chacun y a rempli sa timbale, de façon qu'ils en prirent le $\frac{1}{8}$: que resterait-il dans le broc s'ils eussent été 45?

345. Une tige de bois a un volume octuple d'une de fer qui pèse 3 hectogrammes : quelle densité a la première, la densité du fer étant 7?

346. Une roue qui a 120 dents engrène avec une autre qui n'en a que 15; quand la première fait 5 tours, combien la seconde en fait-elle?

347. Il faut 600 rayons à ma bibliothèque, portant chacun 60 volumes : combien en faudrait-il s'ils ne portaient que 45 volumes chacun?

348. Il faut 34 hectolitres d'eau pour faire la charge de mon cheval : combien en faut-il de vif-argent, qui pèse 14 fois autant que l'eau?

349. Si une personne qui a rencontré 9 pauvres n'a plus que le dixième de son argent, quelle fraction en aurait-elle si elle en eût rencontré 45?

350. Si une écluse dont la digue a 9 vannes

égales est vidée en 7 heures quand il y en a 4 d'ouvertes, en combien d'heures le sera-t-elle quand les 9 vannes seront ouvertes ?

XXVII. *Problèmes et exercices sur la règle de trois composée.*

351. Lorsque 12 ouvriers travaillant 9 heures par jour ont fait 360 mètres d'ouvrage en un certain temps, combien 20 ouvriers travaillant 13 h. par jour feront-ils de mètres dans le même temps ?

352. Lorsque 12 ouvriers travaillant 9 heures par jour ont fait 360 mètres d'ouvrage en un certain nombre de jours, combien a-t-il fallu d'heures par jour à 20 ouvriers pour faire 866m.,66 dans le même nombre de jours ?

353. Sachant que 12 ouvriers travaillant 9 heures par jour pendant un certain temps ont fait 360 m. d'ouvrage, on demande combien il fallait d'ouvriers pour faire 866m.,66 du même ouvrage dans le même temps, en travaillant 13 heures par jour ?

354. Un boulanger a fait 640 kilogrammes de pain avec 60 doubles décalitres de blé de troisième qualité : combien en ferait-il avec 1000 doubles décalitres de deuxième qualité ?

355. On prend pour port de marchandises 12fr.,40 par quintal métrique, et pour la distance de 25 myriamètres : quelle somme payera-t-on pour 1800 kilogrammes, et qui doivent être conduits à 60 myriamètres ?

356. Dans une pièce de drap qui a 1m.,50 de large, on a pris 40 mètres de longueur pour faire 12 manteaux : quelle longueur faudrait-il prendre dans une autre pièce qui a 2 mètres de large, et

qui est de même qualité, pour faire 18 manteaux?

357. Trois troupes d'ouvriers se présentent pour creuser un canal; la première peut le faire en 25 jours, la deuxième en 28 et la troisième en 36: combien mettront-elles de jours en travaillant ensemble?

358. Il faut 15 ouvriers pour faire 80 mètres d'ouvrage en 12 heures dans un terrain de 5 degrés de difficulté: combien faudrait-il d'ouvriers pour en faire 150 mètres dans un terrain de 2 degrés de difficulté, en travaillant 13 heures?

359. Un entrepreneur a employé 30 maçons pendant 50 jours, 10 heures par jour, pour bâtir un mur de $60^{m},50$ de longueur, sur $12^{m},4$ de hauteur et $1^{m},15$ d'épaisseur: combien lui en faudra-t-il pour bâtir en 36 jours, en faisant travailler 12 h. par jour, un mur de $45^{m},50$ de longueur, sur $15^{m},9$ de hauteur et $1^{m},8$ d'épaisseur?

360. Il y a 30000 kilogrammes de farine dans une citadelle pour nourrir 1500 hommes pendant 80 jours: de quelle quantité cette provision doit-elle être augmentée pour que 1800 hommes en aient assez pendant 120 jours?

361. Les vivres d'un bâtiment de mer suffisent aux 1200 hommes d'équipage, s'ils ne restent en mer que 7 mois: on demande à combien il faut réduire cet équipage pour qu'il ait de quoi rester 10 mois en mer?

362. La garnison d'une place est de 8000 hommes, et la ration de 12 hectogrammes pendant 6 mois; si on l'augmente de 1200 hommes, et si on

veut faire durer les vivres 8 mois, de combien devra-t-on faire la ration?

363. Les 800 hommes d'un fort assiégé ont consommé la moitié de leurs vivres en 50 jours ; alors ils jugent que 260 hommes doivent se retirer pour ménager l'autre moitié : combien les 540 hommes qui restent pourront-ils subsister de temps avec l'autre moitié des vivres?

364. Un compositeur d'imprimerie a fait 9 pages de 1000 lettres chacune dans 12 heures : combien ferait-il de pages de 1200 lettres chacune en 15 heures?

365. 12 ouvriers travaillant 9 heures par jour ont fait 190 mètres d'ouvrage en 5 jours : combien 3 ouvriers travaillant 7 heures ont-ils mis de jours pour faire 126 mètres?

366. Un fermier a retenu 1200 fr. sur son canon pour avoir nourri 5 chevaux du propriétaire pendant 180 jours : quelle somme retiendrait-il s'il en nourrissait 8 pendant 140 jours?

367. Un berger a reçu 280 fr. pour avoir gardé 160 jours un troupeau de 300 têtes de bétail: combien recevrait-il pour garder 87 jours un troupeau de 500 têtes?

368. Un ébéniste a poli 50 feuilles d'acajou de $1^{m},5$ de longueur, sur $0^{m},6$ de largeur et $0^{m},04$ d'épaisseur, en travaillant 10 heures par jour pendant 6 jours : combien en polira-t-il de 2 mètres de longueur, $0^{m},07$ d'épaisseur et $0^{m},7$ de largeur, en travaillant 14 heures par jour pendant 45 jours?

369. Si 3 ouvriers, travaillant 8 heures par jour, ont 10 jours pour faire 150 mètres d'ouvrage :

combien 16 ouvriers de même force, travaillant 6 heures par jour, pendant 15 jours, feront-ils de mètres d'un ouvrage 2 fois plus difficile?

370. Un étang est alimenté par 3 fontaines qui le remplissent séparément : la première en 3 heures, la deuxième en 4 heures, la troisième en 5 heures; mais il se vide en 6 heures par sa vanne : on demande en combien de temps il serait rempli, s'il recevait à la fois les eaux des 3 fontaines et se vidait par sa vanne?

371. On a employé 40 charges de sable pour sabler une allée qui a 65 mètres de longueur sur 3m·,56 de largeur : combien en faudra-t-il pour en sabler une autre qui a 84 mètres de longueur et 4 mètres de largeur?

372. Pour paver le chœur de Saint-Sulpice, s'il faut 1500 carreaux de 7 décimètres de longueur, sur 3 décimètres de largeur, combien en faudrait-il de 8 décimètres de longueur sur 3déc. $\frac{1}{2}$ de largeur?

373. Une table de marbre qui a 1m·,5 de longueur sur 0m·,7 de largeur, 0m·,1 d'épaisseur, pèse 250 kilogrammes : quel est le poids d'une autre qui qui a 2 mètres de longueur, 1 mètre de largeur et 0m·,12 d'épaisseur?

374. J'ai deux éditions différentes des œuvres de Virgile : elles ont le même format; mais il y a 52 lettres par ligne et 30 lignes par page dans la première, qui contient 400 pages : combien l'autre contient-elle de pages, sachant que la ligne n'y contient que 40 lettres et la page 25 lignes.

375. J'ai une caisse dans laquelle je peux mettre 400 volumes de 0m·,2 décimètres de longueur sur 0m·,04 d'épaisseur et 0m·,16 de largeur : combien

pourrais-je en mettre n'ayant que 0m.,19 de longueur, sur 0m.,03 d'épaisseur et 0m.,15 de largeur?

XXVIII. *Problèmes et exercices sur la règle d'intérêt simple.*

376. Quel est l'intérêt de 1560 fr. au bout de 2 ans, à 5 pour 100 l'an?

377. Quel est l'intérêt de 1800 fr. à 6 pour 100 l'an, au bout de 3 ans, 2 mois et 12 jours?

378. Déterminer l'intérêt commercial de 985 fr. à 7 pour 100 l'an au bout de 335 jours.

379. Calculer l'intérêt de 850 fr. à 6 pour 100 au bout de 300 jours.

380. Quel est l'intérêt de 474 fr. à 7 pour 100 pendant 253 jours?

381. Déterminer ce que vaut le capital 750 fr. augmenté de ses intérêts simples pris à 6 pour 100, au bout de 2 ans et 3 mois.

382. Combien 1900 fr, augmentés de leurs intérêts simples à 5 pour 100, valent-ils au bout de 3 ans et 5 mois?

383. Sachant qu'un capital inconnu vaut 851 fr. à raison de 6 pour 100 l'an, au bout de 2 ans et 3 mois, quelle est la valeur actuelle de ce capital?

384. Combien 6000 fr. valent-ils, augmentés de leurs intérêts simples de 2 ans et 7 mois, à 7 pour 100 l'an?

385. Un capital inconnu vaut 7085 fr. augmenté de ses intérêts simples de 2 ans et 7 mois à 7 pour 100 : quelle est sa valeur argent comptant?

386. Au bout d'un temps inconnu, le capital

750 fr., prêté à 6 pour 100 l'an, vaut 851 fr. : quel est ce temps?

387. Quel est l'intérêt de 752fr.,40, pour 5 ans à 4 ½ pour 100 ?

388. Au bout d'un temps inconnu, le capital 6000 fr., prêté à 7 pour 100 l'an, vaut 7085 fr. : quel est ce temps?

389. On a prêté 3476fr.,40 à 6 ½ pour 100; on demande au bout de combien d'années l'emprunteur devra 4596fr.,40, tant en capital qu'en intérêts?

390. Le capital 750 fr. s'est élevé à la valeur de 851fr.,25 dans 2 ans et 3 mois: trouver le taux auquel il était prêté.

391. On a placé 1863 fr. qui, en 6 ans, ont produit 2645fr.,46, tant en capital qu'en intérêts : on demande à quel taux on avait prêté cette somme.

392. Au bout de 3 ans 4 mois et 27 jours, 9917 fr. se sont élevés à 11807 fr. : quel était le taux?

393. Quel taux est nécessaire pour retirer, après 3 ans, 6000 fr., tant en capital qu'en intérêts, de 4000 fr.?

394. Le capital 6000 fr. s'est élevé à 7085 fr. au bout de 2 ans 7 mois: quel était le taux?

395. Quelle sera la valeur, tant capital qu'intérêts, du capital 5640 fr., après 3 ans 5 mois, à 6 pour 100?

396. Quelle sera la valeur, tant capital qu'intérêts, du capital 800 fr., après 2 ans, à 5 pour 100?

397. Quel est le capital qui, au bout de 3 ans 5 mois, à 6 pour 100, vaut 6796fr.,20?

398. Au bout de quel temps le capital 5640 fr., prêté à 6 pour 100, vaut-il 6796fr.,20?

399. A quel taux faut-il prêter 5640 fr. pour retirer, tant capital qu'intérêts, 6796fr.,20 au bout de 3 ans et 5 mois?

400. En combien de temps le capital 4800 fr., prêté à 5 pour 100, s'est-il élevé à 5184 fr.?

XXIX. *Problèmes et exercices sur la règle de troc.*

401. Un marchand a du blé à raison de 25 fr. l'hectolitre, et un autre marchand du colza à raison de 32 fr. l'hectolitre : on demande combien ce dernier doit donner d'hectolitres de colza pour en avoir 100 de blé.

402. Une fermière porte 12 douzaines d'œufs au marché et compte les vendre 1 fr. la douzaine; mais elle casse 10 œufs : combien doit-elle vendre les autres pour ne rien perdre?

403. Un marchand d'indigo fait un échange avec un marchand d'acide sulfurique, sous la condition que le prix 32fr.,70 du kilogramme d'indigo sera porté à 35 fr. : à combien devra s'élever celui de l'acide, qui était de 1fr.,15.

404. Un marchand de fer veut, en troc, 50 fr. du quintal métrique de fer, qu'il ne vend que 45 fr. comptant : à combien devra s'élever le prix 15 fr. du quintal métrique de houille qui lui est offert?

405. Un marchand a du calicot à 24 sous le mètre qu'il veut troquer contre du basin à 31 sous: combien aura-t-il de mètres de basin pour 50 mètres de calicot?

406. La rame d'un certain papier coûte 9fr.,50. le le kilogramme d'un certain savon 1fr.,35; si dans un échange, on n'estime la rame de papier qu'à

7 fr.,60, à combien devra-t-on estimer le kilogramme de savon ?

407. Un filateur a une toile de coton qu'il estime à 1 fr.,20 le mètre, et un autre filateur a une toile de lin qu'il estime à 6 fr.,50 ; le premier prendrait 1500 mètres de toile de lin, si le prix en était réduit à 6 fr. : à combien le prix de la toile de coton doit-il être réduit ?

408. Un éleveur a un troupeau de bœufs qu'il estime à raison de 450 fr. par tête, un autre a un troupeau de chevaux qu'il estime à raison de 700 fr. par tête ; le premier échangerait des bœufs contre 6 chevaux, si le prix de chaque cheval n'était que de 650 fr. : à combien doit-il réduire le prix de chacun de ses bœufs ?

409. A qualité et à prix égaux, quelle longueur doit-on prendre dans une pièce de drap de 1 m.,5 de large en échange d'une pièce qui a 54 mètres de longueur sur 1 mètre de largeur ?

410. On a une pièce de drap de 15 mètres de longueur sur 0 m.,9 de largeur et qui coûte 36 fr. le mètre comme étant de première qualité : on demande le prix du nombre de mètres d'un drap de seconde qualité qu'il faut donner, s'il n'a que 0 m.,7 de large et dont le prix serait les $\frac{7}{8}$ du prix du premier à largeur égale, pour faire compensation.

XXX. *Problèmes et exercices sur la règle d'une simple fausse position.*

411. Une personne veut illuminer sa maison : on demande combien elle a de lampions, sachant qu'il lui en manque 9, quand elle en met 7 sur

chaque fenêtre, et qu'il lui en reste 8 quand elle n'en met que 6.

412. Un boucher qui veut acheter des moutons aurait 14 fr. de trop s'il ne les payait que 25 fr. la pièce; mais il les paye 26 fr., et il lui manque 40 fr. : combien achète-t-il de moutons, et quelle somme a-t-il?

413. Un marchand achète 45 pièces d'étoffes de 2 qualités différentes, gagne 5 fr. par pièce sur les premières, et perd 4 fr. par pièces sur les autres : si, en définitive, il ne perd ni ne gagne, combien y a-t-il de pièces de chaque qualité?

414. Si les écoliers d'un maître lui donnaient chacun 12 fr. par mois, il pourrait payer son manteau et son habit, et avoir encore 15 fr. de reste; mais ils ne lui donnent que 10 fr., et alors il lui manque 25 francs pour acquitter sa dette : on demande quel est le montant de cette dette.

415. Un maître de pension doit le loyer de sa maison; si chacun de ses élèves lui donnait 25 fr. par mois, il pourrait le payer et avoir 50 fr. pour lui. Mais chaque élève ne lui donne que 20 fr. par mois, de sorte qu'il lui en manque 200 pour payer son loyer. Quel en est le montant?

416. Quel est le nombre qui divisé par 10 donne pour reste 6, et qui, augmenté de 4, serait exactement divisible par 12?

417. Quel est le nombre dont les $\frac{3}{4}$ augmentés de 7 donnent 19?

418. Partager 640 fr. entre trois personnes, de façon que la deuxième ait le double de la première, et la troisième $2\frac{1}{3}$ fois autant que les deux autres ensemble.

419. Trouver le nombre dont le $\frac{1}{3}$, le $\frac{1}{5}$ et les $\frac{3}{7}$ aient pour somme 808.

420. Connaissant la somme 20 de deux nombres et leur différence 4, les trouver.

421. Connaissant la somme 56 de deux nombres et leur différence 24, trouver ces nombres.

422. Un pêcheur donne 5 centimes à son fils par coup de filet fructueux, et en reçoit 3 centimes par coup de filet infructueux ; le fils se retire avec 28 centimes, après 12 coups de filet : combien y en a-t-il eu d'heureux ?

423. On a rempli en 12′ un vase de 39 litres en faisant couler successivement deux fontaines dont la première fournit 4 litres par 1′ et l'autre 3 litres : combien de minutes chacune a-t-elle coulé ?

424. Une personne charitable rencontre des pauvres ; si elle donne 25 centimes à chacun, il lui manquera 10 centimes, et si elle n'en donne que 20, elle en aura 10 de reste : combien a-t-elle et combien y a-t-il de pauvres ?

425. Partager 6954 fr. entre trois personnes de manière que la deuxième ait 54 fr. de plus que la première, et que la troisième ait à elle seule 78 fr. de plus que les deux autres ensemble.

XXXI. *Problèmes et exercices sur la règle d'une double fausse position.*

426. Partager 230 fr. en 3 parties, telles que l'excès de la moyenne sur la petite soit 40, et que l'excès de la grande sur la moyenne soit 60.

427. Partager 44 fr. en 2 parties telles que la

première $+$ 5 fr., soit à la seconde $+$ 7 fr. dans le rapport de 4 à 3.

428. Un père, interrogé sur l'âge de son fils, répond : Mon âge est le triple de celui de mon fils, et, il y a 10 ans, il en était le quintuple : quel est l'âge du fils?

429. Un père, interrogé sur l'âge de son fils, répond : J'ai 46 ans, et mon fils un âge tel, que si vous en ajoutez les $\frac{5}{9}$ au double, vous aurez le mien : quel est l'âge de mon fils ?

430. Un berger, interrogé sur le nombre de ses moutons répond : Le nombre de mes moutons est autant au-dessous de 400 que ses $\frac{2}{3}$ sont au-dessus de 200 : cherchez-le vous-même.

431. Une fermière vend la moitié de ses poulets, plus 1, en mange 10 et en a encore le tiers, plus 7 poulets $\frac{2}{3}$: combien en avait-elle?

432. Un berger, interrogé sur l'heure, répond : Il est midi passé, et si du nombre d'heures qu'il y a d'ici à minuit, vous retranchez la moitié de l'heure qu'il est, moins $\frac{1}{4}$ d'heure, vous aurez le double de l'heure qu'il est : cherchez

433. Un père dit à son fils : Quelle somme ai-je dans mon porte-monnaie, sachant que si, après l'avoir augmentée de son $\frac{1}{3}$, tu la diminues de sa moitié, tu auras un reste qui sera, comme elle, un facteur de 90?

434. Toi qui as le prix d'arithmétique, disait un lycéen à un de ses camarades, dis-moi donc combien de fois j'ai composé, sachant que ce nombre, augmenté de 2, est égal à la différence entre la moitié et les $\frac{3}{7}$ de 28?

435. On demande quel est le quantième du mois,

... haut qu'il est égal au $\frac{1}{3}$ des jours déjà écoulés, augmenté de la moitié de ceux qui restent à écouler (le mois est supposé de 30 jours).

XXXII. *Problèmes et exercices sur la règle conjointe.*

436. Sachant qu'une livre sterling d'Angleterre vaut 25fr,20, et qu'un souverain d'Autriche vaut 17fr,58 : on demande combien on aurait de livres sterling pour 254 souverains.

437. Comme 20 livres sterling valent 504 fr. et que 35 livres sterling valent 50 $\frac{2}{3}$ souverains d'Autriche, on voudrait savoir combien 464 souverains valent de francs.

438. On demande combien 492 souverains d'Autriche valent de francs, sachant : 1° que 50 $\frac{1}{3}$ souverains valent 35 livres sterling; 2° que 100 livres sterling valent 120 $\frac{1}{2}$ christians de Danemark; 3° que 21 christians valent 440 fr.

439. Sachant que 54 florins de Bade valent 112fr,86 et que 125 christians de Danemark valent 1251 florins, combien 180 christians valent-ils de francs?

440. Un négociant français qui est à Hambourg a 200 pièces de 20 fr. dans sa bourse, et veut savoir combien ils font de ducats; pour cela, il sait que 100 roubles de Russie valent 400 fr., et que 100 ducats valent 296 roubles : peut-il résoudre la question?

XXXIII. *Problèmes et exercices sur la règle de société ou de partage.*

441. Quatre négociants ont mis chacun 12000 f.

dans une opération commerciale qui leur a rapporté 30000 fr. : on demande ce que chacun a gagné.

442. Cinq négociants ont mis chacun 1500 fr. dans une société, et ils ont perdu 6000 fr. : combien chacun a-t-il perdu ?

443. Trois associés mettent dans une opération commerciale : le premier, 3500 fr. ; le deuxième, 3800 fr., et le troisième, 4000 fr. ; ils réalisent un gain de 6000 fr. : quel est le gain de chacun ?

444. Quatre associés mettent dans une opération : le premier, 6500 fr. ; le deuxième, 6000 fr. ; le troisième, 7000 fr., et le quatrième, 8000 ; ils perdent 1500 fr. : quelle est la perte de chacun ?

445. Partager entre 4 héritiers une succession de 84560 fr., de manière que la part du deuxième soit les $\frac{3}{5}$ de celle du premier ; que la part du troisième soit les $\frac{7}{8}$ de celle du deuxième, et que le quatrième ait à lui seul autant que le deuxième et le troisième ensemble.

446. Quatre marchands de bois ont gagné 7800 fr. dans l'exploitation d'une coupe dont la durée a été d'un an. L'un a payé 6500 fr. pour prix d'achat ; 3 mois plus tard, un autre a donné 1500 fr. pour le travail des bûcherons ; 7 mois plus tard, le troisième a donné 2000 fr. pour le travail des charpentiers ; et enfin, au bout de 10 mois, le quatrième a donné 1800 fr. pour le transport : quel est le gain de chacun ?

447. Trois associés montent une filature : l'un paye les premiers frais d'établissement, qui sont de 65000 fr. ; 8 mois plus tard, un autre, pour les

matières premières et le transport, débourse 40000 fr.; enfin le troisième, au bout de 18 mois, paye aux ouvriers 60000 fr. A la fin de la deuxième année ils font faillite, et la perte est estimée à 15000 fr. : quelle est la perte de chacun?

448. Trois associés ont gagné 100000 fr. à la suite d'une opération qui a duré 3 ans : le premier avait mis 65600 fr. au moment de la fondation, puis il a retiré 25000 fr. au bout de 15 mois; le deuxième n'avait fait son versement, qui a été de 80000 fr., que 8 mois après la fondation; et enfin le troisième n'avait fait le sien, qui est de 100000 fr., que 18 mois après cette même fondation : que revient-il à chacun ?

449. Trois voituriers s'engagent à conduire pour 1400 fr. 160 hectolitres de colza : l'un doit en conduire 40 hectolitres à 18 myriamètres, un autre 50 hectolitres à 15 myriamètres, et enfin un troisième doit conduire le reste à 10 myriamètres : qu'auront-ils chacun ?

450. Douze maçons ont reçu 6000 fr pour un bâtiment qu'ils ont construit, et auquel ils ont travaillé : le premier, 150 jours; le deuxième, 165 j., le troisième, 115 j.; le quatrième, 180 j.; le cinquième, 200 j.; le sixième, 250 j., et les 6 autres chacun 126 jours : combien chacun doit-il recevoir ?

451. Vingt ouvriers, tant hommes que femmes, travaillent dans un même atelier et reçoivent 68 fr. par jour; les hommes ont 4 fr., salaire double de celui des femmes : on demande combien il y a d'hommes et combien il y a de femmes.

452. Une fontaine, en coulant 3 h. $\frac{1}{2}$, remplit un certain réservoir; une deuxième le remplit

en 4 heures, et une troisième en 2 h. $\frac{3}{4}$: combien leur faudra-t-il de temps pour le remplir en coulant ensemble ?

453. Un réservoir est fermé par 4 vannes ; il se vide par la première en 5 heures, par la deuxième en 4 h. $\frac{1}{4}$, par la troisième en 6 heures, et par la quatrième en 3 h. $\frac{7}{8}$: en combien de temps se videra-t-il, si on les ouvre toutes à la fois ?

454. Quel est le nombre dont le [illegible], le [illegible] et les [illegible] font 1468,8 ?

455. Un oncle donne 122 fr. à ses 4 neveux le jour du nouvel an, sous condition que leurs parts seront en raison inverse de leur âge : combien chacun a-t-il, sachant qu'ils ont respectivement 12, 10, 8 et 5 ans ?

456. La somme des mises de 3 associés est 10000 fr. ; le gain du premier est de 3500 fr., le gain du deuxième, de 4000 fr., et celui du troisième est de 4200 fr. : quelles sont les mises, lesquelles sont supposées être restées le même temps dans la société ?

457. Quatre associés ont gagné 12000 fr. pour avoir mis : le premier, 18000 fr. pendant 6 mois ; le deuxième, 8000 fr. pendant 1 an ; le troisième, 7500 fr. pendant 15 mois, et le quatrième, 7000 fr. pendant 18 mois. Sachant que celui-ci doit prélever 3 pour 100 pour sa gestion, trouver le gain de chacun.

458. Quatre associés ont eu pour bénéfice d'une entreprise respectivement 2000 fr., 2500, 2700 et 3000 fr. : on demande ce qu'avait mis chacun, sachant que le fonds social n'est que les [illegible] du gain qu'il a produit.

459. Une personne possède 50000 fr., en place une partie à 4 $\frac{1}{2}$ pour 100, et le reste à 8 $\frac{1}{4}$; de cette façon, elle a un revenu de 3075 fr. : déterminer les deux parties.

460. La mise totale de 3 associés est de 6000 fr., et ils ont retiré, proportionnellement à leurs mises : le premier, 40 fr. ; le deuxième, 55 fr., et le troisième, 80 fr. : quelle est la mise de chacun?

461. On demande la somme déboursée par un marchand de bois, sachant que les $\frac{2}{5}$ ont été employés à l'achat de la coupe, le $\frac{1}{4}$ à l'exploitation, 800 fr. à la vidange, et 200 fr. en menus frais.

462. La surface totale d'un homme de moyenne taille est estimée à $\frac{7}{4}$ de mètre carré ; or, la pression qu'il supporte de la part de l'air qui l'entoure est de 18000 kilogr. : de combien cette pression est-elle par centimètre carré?

463. Un tisserand a fait 35 mètres de toile en 3 jours ; sachant qu'il a travaillé le premier jour 9 heures, le deuxième 7, et le troisième 12, combien a-t-il fait de mètres par heure?

464. Partager 14250 cartouches entre 3 détachements dont les forces sont entre elles comme les nombres 3, 5 et 11.

465. Trois ouvriers ont fait chacun un fossé dans le même terrain, et ont reçu 1500 fr., qui doivent être répartis en proportion de leur travail : or, le premier fossé a 54m.,60 de longueur sur 2m.,3 de largeur et 1 m. de profondeur ; le deuxième a 65m.,43 de longueur sur 3 m. de largeur et 1m.,5 de profondeur ; enfin le troisième a 76 m. de longueur sur 3m.,5 de largeur et 2 m.

de profondeur : quelle somme recevra chaque ouvrier ?

466. Deux ouvriers ont creusé, l'un un canal de 100 mètres de longueur sur 2 mètres de largeur et 3 de profondeur, dans un terrain de 5 degrés de difficulté ; l'autre, un canal de 150 mètres de longueur sur 4 de largeur et 3 de profondeur, dans un terrain de 3 degrés de difficulté : combien chacun aura-t-il des 2550 fr. qu'ils ont reçus ?

467. Une première fontaine remplirait un bassin en 1 h. $\frac{1}{2}$; une seconde en 2 h. [illegible] : combien seront-elles de temps en coulant ensemble ?

468. Trois associés ont fait un bénéfice de 12000 fr., dont 5000 fr. sont pour le premier et 7000 fr. pour les deux autres ; ceux-ci avaient mis, le deuxième 24000 f., et le troisième 15000 f. : on demande la mise du premier.

469. Les produits journaliers d'une filature où 100 ouvriers travaillent 8 heures par jour, et font tout, sont estimés 1500 fr. : à combien ces produits s'élèveront-ils, si l'on porte le nombre des ouvriers à 130 et celui des heures à 9 $\frac{1}{2}$?

470. Le curé de la paroisse Saint-Jean laisse [illegible] de sa succession à son église, $\frac{1}{4}$ au séminaire, [illegible] à l'hôpital, et le reste au couvent des Ursulines : sachant que ce reste est de 18000 fr., trouver la fortune de ce curé.

471. Un jour Silène, maître de Bacchus, pour l'engager à étudier l'arithmétique, lui promet un tonneau de vin, s'il peut lui dire ce que le tonneau contient, sachant que s'il en boit [illegible] sur-le-champ

$\frac{1}{4}$ le lendemain et $\frac{3}{8}$ le surlendemain, il aura encore 7 brocs à boire le quatrième jour.

472. Quatre associés ont gagné 18000 fr., dont les 3 derniers, qui avaient mis respectivement 5000 fr., 6000 fr. et 6500 fr., eurent 14500 fr. : on demande la mise du premier.

473. Trois madriers qui sont d'un même bois pèsent ensemble 1046 kilogrammes : on demande leurs poids respectifs, sachant que le premier a 4 mètres de longueur, sur 0m.,5 de largeur et 0m.,2 d'épaisseur; le deuxième, 4m.,5 de longueur, sur 0m.,6 de largeur et 0m.,3 d'épaisseur; enfin, le troisième, 2 m. de longueur, sur 0m.,3 de largeur et 0m.,1 d'épaisseur.

474. Les mêmes madriers valent 1 mètre cube, plus 27 centièmes de mètre cube : combien chacun vaut-il en mètre cube?

475. Quatre personnes ont, la première, $\frac{1}{3}$; la deuxième, $\frac{1}{4}$; la troisième, 4 francs de plus que la deuxième; et la quatrième, $\frac{1}{7}$ d'une certaine somme : quelle est cette somme?

XXXIV. *Problèmes et exercices sur la règle d'escompte en dedans.*

476. Quel est, à 6 pour 100, l'escompte de 950 fr., payables dans 15 mois?

477. Quel est, à 7 pour 100, l'escompte de 15000 fr., payables dans 2 ans?

478. Quel est, à 4 pour 100, l'escompte de 6300 fr., payables dans 8 mois et 18 jours?

479. Quel est, à 5 pour 100, l'escompte de 700 f., payables dans 9 $\frac{1}{2}$ mois?

480. Un billet de 15000 fr., payable dans 2 ans, est escompté pour 13636fr.,36 : trouver le taux de l'escompte.

481. Un billet de 15000 fr. est escompté pour 13636fr.,36, à raison de 5 pour 100 : quelle est l'époque de son échéance?

482. Un billet, dont le montant est inconnu, a été escompté, pour 13636fr.,36, à 5 pour 100 : trouver ce montant, sachant que ce billet était payable dans 2 ans.

483. A quel taux a été escompté un billet de 6800 fr., payable dans 18 mois, sachant qu'on en a donné 6000 fr.?

484. A quelle époque était échéable un billet de 5000 fr., escompté pour 3250 fr., à 6 p. 100?

485. Quel est le montant d'un billet échéable dans 15 mois, sachant qu'il est escompté pour 760 fr., à 7 pour 100?

XXXV. *Problèmes et exercices sur la règle d'escompte en dehors.*

486. Quel est, à 5 pour 100, l'escompte de 980 fr. payables dans 1 an?

487. Quel est l'escompte, à 6 pour 100, de 285 fr. payables dans 3 ans 4 mois?

488. Un billet de 2850fr.,45, payable dans 3 ans 4 mois, a été escompté pour 2280fr.,36 : trouver le taux de l'escompte.

489. Un billet de 6000 fr. a été escompté, pour 4200 fr., à 6 pour 100 : à quelle époque était-il payable?

490. Un billet de 950 fr., payable dans 15 mois, a été escompté pour $878^{fr.}{}_{,}75$: trouver le taux.

491. Un billet de 950 fr. a été escompté, pour $878^{fr.}{}_{,}75$, à 6 pour 100 : trouver l'époque de l'échéance.

492. Un billet de 950 fr., payable dans 15 mois, a été escompté, à 6 pour 100, pour $878^{fr.}{}_{,}75$: à quel taux faudrait-il prêter cette somme de $878^{fr.}{}_{,}75$, pour qu'elle s'élevât à 950 fr. dans 15 mois?

493. Un billet de $2850^{fr.}{}_{,}45$ a été escompté, pour $2280^{fr.}{}_{,}36$, à raison de 6 pour 100 : à quelle époque était-il échéable?

494. Un billet de $2850^{fr.}{}_{,}45$ a été escompté, pour $2280^{fr.}{}_{,}36$, à 6 pour 100 : comme il était payable dans 3 ans 4 mois, on demande à quel taux il faudrait placer $2280^{fr.}{}_{,}36$ pour que, dans 3 ans 4 mois, ils s'élevassent à $2850^{fr.}{}_{,}45$.

495. Donner à la fois l'escompte en dedans et l'escompte en dehors, à 5 pour 100, de 1500 fr., payables dans 2 ans, et montrer que le second vaut le premier, plus les intérêts simples de ce premier pendant les 2 ans.

496. Donner à la fois l'escompte en dedans et l'escompte en dehors, à 6 pour 100, de 6000 fr., payables dans 18 mois, et montrer que le second n'est que le premier augmenté de ses intérêts pendant les 18 mois.

497. Donner à la fois l'escompte en dedans et l'escompte en dehors, à 7 pour 100, de 3500 fr., payables dans 10 mois, et montrer que leseco nd n'est que le premier augmenté de ses intérêts simples des 10 mois.

498. Donner à la fois l'escompte en dedans et l'escompte en dehors, à 6 ½ pour 100, de 2500 fr., payables dans 7 mois, et montrer que le second n'est que le premier, plus ses intérêts simples des 7 mois.

499. Montrer que l'escompte en dehors, à 4 ½ pour 100, de 2650 fr., payables dans 2 ½ ans, n'est que son escompte en dedans, augmenté de ses intérêts simples des 2 ½ ans.

500. Pour faire toucher 5600 fr. à Strasbourg, un banquier de Paris me demande 4 pour 100 de change ou escompte : que dois-je lui donner en plus que les 5600 fr. ?

XXXVI. *Problèmes et exercices sur la règle d'intérêts composés.*

501. Combien 850 fr., prêtés à intérêts composés pendant 3 ½ ans, à 5 pour 100, vaudront-ils ?

502. Combien 850 fr., prêtés à intérêts composés pendant 3 ans 5 mois, à 5 pour 100, vaudront-ils ?

503. A combien s'élèvera, au bout de 2 ans ½, le capital 4500 fr. prêté à intérêt composé à raison de 6 pour 100 l'an ?

504. A combien s'élèvera, dans 3 ans 2 mois, le capital 500 fr., prêté à 7 pour 100, les intérêts étant composés ?

505. Un capital inconnu, prêté à intérêts composés, à raison de 5 pour 100 l'an, s'est élevé à 564921 fr. dans 3 ans 4 mois : quelle est la valeur de ce capital ?

506. En 3 ans, un capital prêté à intérêts com-

posés, à raison de 15 pour 100, s'est élevé à 648fr.,27 : quelle est sa valeur actuelle ?

507. Un ouvrier a déposé 150 fr. à la caisse d'épargne ; ils y sont restés 3 ans : on demande ce qu'ils doivent faire aujourd'hui, en supposant l'intérêt à $3\frac{1}{2}$ pour 100 ?

508. Un ouvrier a laissé, pendant $2\frac{1}{2}$ ans, 560 fr. à la caisse d'épargne : quelle somme doit-il retirer, en supposant l'intérêt à 4 pour 100 ?

509. Un ouvrier retire 800 fr. de la caisse d'épargne, où il a laissé un capital inconnu pendant 2 ans, à 4 pour 100 : quel est ce capital ?

510. Un ouvrier a laissé 3 ans un capital inconnu à la caisse d'épargne ; après ce temps, il a retiré 600 fr. : quel est ce capital, sachant que l'intérêt est à 4 pour 100 ?

XXXVII. *Problèmes et exercices sur la règle des mélanges.*

511. On a rempli un tonneau de 100 hectolitres avec 3 espèces de vin ; celui de la première espèce est à 22 fr. l'hectolitre, et on en a pris 45 hectolitres ; celui de la seconde est à 25 fr. l'hectolitre, et on en a mis 30 hectolitres ; enfin, celui de la troisième est à 27 fr. l'hectolitre : on demande le prix d'un litre du mélange.

512. On a mêlé 145 litres de vin à 85 centimes, avec 175 à 65 centimes, et 200 à 1 franc : quel est le prix du mélange ?

513. Quelle est la portée moyenne d'un fusil dont 6 portées particulières sont 367 mètres,

400 mètres, 380 mètres, 401 mètres, 364 mètres et 394 mètres ?

514. On a employé 400 ouvriers, dont 150 à 3 fr. par jour, 65 à 2fr.,45, 85 à 2 fr., et le reste à 1fr.,85 : on demande ce que, l'un dans l'autre, un ouvrier gagne par jour.

515. Mélanger des vins à 15 sous et à 24 sous le litre, de manière que le prix du litre du mélange revienne à 20 sous.

516. En quelle proportion faut-il mêler des vins à 18 sous et à 24 sous le litre, pour que le litre du mélange revienne à 20 sous ?

517. En quelle proportion faut-il mêler des vins à 18 sous et à 32 sous le litre, pour qu'en vendant le litre du mélange 25 sous, on gagne 2 sous ?

518. En quelle proportion faut-il mêler des huiles à 1fr.,50 et 1fr.,15 le litre, pour que le litre du mélange revienne à 1fr.,30 ?

519. On a des vins à 12 sous le litre, à 20 sous et à 25 sous : dans quelle proportion faut-il les mêler pour que le litre du mélange revienne à 15 sous ?

520. En admettant que le volume du composé soit égal à la somme des volumes des composants, en quelle proportion faut-il mêler du blé à 35 fr. l'hectolitre avec du blé à 28 fr., pour avoir un mélange à 30 fr. l'hectolitre ?

521 En quelle proportion faut-il mêler des blés à 28 fr. l'hectolitre, à 31 fr. et à 35 fr., pour que l'hectolitre du mélange revienne à 30 fr. ?

522. Un épicier a des eaux-de-vie à 2 fr. le litre et à 1fr.,15 : dans quelle proportion doit-il les mêler pour que le litre du mélange revienne à 1fr.,50.

523. Former un mélange de 100 hectolitres de vin, à raison de 25 fr. l'hectolitre, avec des vins du Midi à 18 fr. l'hectolitre, et des vins de Bourgogne à 28.

524. Former un mélange de 1100 hectolitres de vin, à 15 fr. l'hectolitre, avec du vin de Surênes à 9 fr. et des vins du Midi à 20 fr. l'hectolitre.

525. Former un mélange de 60 hectolitres avec du vin de Surênes à 6 fr. l'hectolitre, du vin du Midi à 16 et du vin de Bourgogne à 20, de façon que l'hectolitre du mélange revienne à 12 fr.

526. Former un mélange de 2016 hectolitres à 50 fr., avec du vin de Surênes à 15 fr. l'hectolitre, du vin de Périgueux à 20 fr. l'hectolitre, du vin de Bordeaux à 200 fr., et du vin de Bourgogne à 150 fr.

527. Dans un mélange à 20 sous le litre, il entre 4 litres à 14 sous, et le reste à 24 sous : on demande combien il y a de litres à 24 sous pour 4 à 14 sous.

528. Dans un mélange à 18 sous le litre, il entre 3 litres à 13 sous, et le reste à 21 sous : combien y a-t-il de litres à 21 sous pour 3 litres à 13 sous?

529. Dans un mélange à 20 fr. l'hectolitre, il entre 1000 hectolitres à 24 fr., et le reste à 15 fr. : combien y a-t-il d'hectolitres à 15 fr.?

530. Combien faut-il ajouter d'eau à 100 hectolitres de vin du prix de 30 fr. l'hectolitre, pour que l'hectolitre du mélange revienne à 24 fr. l'hectolitre?

531. Dans quelle proportion doit-on mêler des vins à 10 sous, 14 sous, 20 sous et 25 sous le li-

tre, pour que le litre du mélange revienne à 18 sous?

532. Former un mélange de 560 litres de vin, qui reviennent à 18 sous le litre, en prenant des vins à 10 sous, 14 sous, 20 sous et 25 sous le litre.

533. Former un mélange qui revienne à $0^{fr.},75$ le litre avec des vins à $0^{fr.},85$ et à $0^{fr.},50$.

534. Dans un mélange de 840 litres de vin à $0^{fr.},75$, combien entre-t-il de litres à $0^{fr.},85$, et combien à $0^{fr.},50$?

535. Combien faut-il ajouter de vin à $0^{fr.},70$ le litre, à 180 litres de vin à $0^{fr.},45$, pour que le litre du mélange revienne à $0^{fr.},50$?

536. Combien doit-on ajouter d'eau à 188 litres de vin à $\frac{15}{14}$ de franc le litre, pour que le mélange revienne à $\frac{8}{9}$ de franc le litre?

537. Combien doit-on ajouter d'eau à 1800 litres de vin à $\frac{21}{20}$ de franc le litre, pour que le litre du mélange revienne à $\frac{14}{15}$ de franc?

538. Former un mélange d'un myrialitre de vin à $0^{fr.},35$ en prenant des vins à $0^{fr.},20$, à $0^{fr.},25$, à $0^{fr.},42$ et à $0^{fr.},48$ le litre.

539. Un chimiste mêle 3 espèces d'acide sulfurique, dont les poids respectifs sont $1^{k.},627$, $2^{k.},138$ et $2^{k.},567$, et ne contiennent respectivement que les 0,8, les 0,9 et les 0,785 d'acide pur: on demande combien il y a d'acide pur dans le mélange?

540. Former un mélange de 160 kilogrammes d'acide sulfurique, dont les 0,9 soit de l'acide pur, au moyen de deux autres acides sulfuriques contenant respectivement les 0,97 et les 0,72 de leurs poids en acide pur.

XXXVIII. *Problèmes et exercices sur la règle d'alliage.*

541. Combien y a-t-il de grammes d'or pur dans 1 hectogramme au titre 0,7 ?

542. Combien y a-t-il de grammes d'argent pur dans 4 $\frac{1}{2}$ kilogramme de pièces de billon dont le titre est 0,2 ?

543. Un bijoutier fond ensemble 3 hectogrammes de bijoux d'or au titre de 0,8, 4 hectogrammes de pièces nouvelles au titre 0,904 et 7$^{hect.}$,45 de pièces anciennes au titre de $\frac{11}{12}$: quel est le titre de son alliage ?

544. Un lingot de 100 grammes contient 94 gr. d'or pur, et le reste d'alliage : quel est son titre ?

545. Un lingot d'argent a été obtenu en fondant ensemble 2 $\frac{1}{2}$ kilogrammes d'argent et 3 hectogr. de cuivre : quel est son titre ?

546. Un lingot d'or a été obtenu en fondant ensemble 57 décagrammes d'or au titre de 0,7, et 84 décagrammes au titre de 0,9 : quelle est la quantité de fin ?

547. Un horloger a fondu ensemble 50 grammes d'or au titre 0,85, 36 grammes au titre 0,78, et 27 grammes au titre 0,9 : quelle est la quantité de fin ?

548. On a deux lingots d'or, l'un au titre de 0,7 et l'autre au titre de 0,95 : dans quel rapport faut-il les allier pour en avoir un troisième au titre de 0,9 ?

549. Former un alliage de 1000 grammes au titre de 0,9 avec deux lingots, dont l'un est au titre 0,7 et l'autre au titre 0,95.

550. On sait que le titre d'un lingot est 0,9, qu'il contient 200 grammes au titre 0,95 et le reste au titre 0,7 : quel est son poids ?

551. Dans quelle proportion faut-il allier deux lingots d'or qui sont, l'un au titre 0,97 et l'autre au titre 0,72, pour en former un troisième au titre 0,9 ?

552. On sait que le titre d'un lingot est 0,9 : qu'il contient 312 grammes d'or au titre 0,97 et le reste au titre 0,72 : quel est ce reste ?

553. On a deux lingots d'or, dont l'un est au titre 0,94 et l'autre 0,79 : dans quelle proportion faut-il les allier pour en former un troisième au titre 0,88?

554. Former un lingot d'argent de 40 kilogrammes au titre 0,88 au moyen de deux lingots de ce métal, dont l'un est au titre 0,94 et l'autre au titre 0,79.

555. Dans un lingot au titre de 0,88, il entre 6 hectogrammes au titre 0,94 et le reste au titre 0,79 : quel est son poids ?

556. Dans quelle proportion faut-il allier trois lingots aux titres respectifs de 0,84, 0,79 et 0,98 pour en former un troisième au titre 0,9 ?

557. Former un lingot d'argent de 4 $\frac{1}{2}$ kilogramme au titre 0,9, de trois lingots de ce métal, dont les titres respectifs sont 0,84, 0,79 et 0,98.

558. Dans un lingot d'or au titre 0,9, il entre 70 grammes de ce métal au titre 0,98, et le reste est aux titres 0,84 et 0,79 : quel est le poids de ce lingot ?

559. Dans quelle proportion faut-il allier quatre lingots d'argent aux titres respectifs de 0,73.

0,79, 0,92 et 0,95, pour en former un cinquième au titre 0,78?

560. Former un lingot de 1 $\frac{1}{2}$ myriagramme d'argent au titre 0,88 avec quatre lingots de ce métal, dont les titres sont 0,73, 0,79, 0,92 et 0,95.

561. On a des anciennes monnaies de billon au titre $\frac{1}{5}$, et d'autres anciennes pièces d'argent au titre $\frac{11}{12}$: dans quelle proportion faut-il allier ces deux sortes de pièces pour en former au titre actuel?

562. Former un lingot de 40 kilogrammes d'argent, au titre de 0,9, avec des pièces de billon au titre $\frac{1}{5}$ et d'autres pièces au titre $\frac{11}{12}$.

563. Il entre 7 kilogrammes de pièces de billon au titre $\frac{1}{5}$ dans un lingot au titre 0,9; le reste est au titre $\frac{11}{12}$: quel est le poids de ce lingot?

564. Un orfèvre a deux lingots : l'un contient 165 grammes d'or fin et 35 grammes d'alliage, l'autre contient 146 grammes d'or fin et 24 d'alliage : combien doit-il prendre de chacun pour former un troisième lingot qui contienne 65 grammes d'or et 25 grammes d'alliage?

565. Un orfèvre a deux lingots : l'un contient 95 grammes d'or fin et 5 grammes de cuivre, l'autre contient 48 grammes d'or et 25 de cuivre : combien doit-il prendre de chacun pour former un troisième lingot qui contienne 170 grammes d'or et 30 grammes de cuivre?

566. Dans quelle proportion faut-il allier deux lingots qui contiennent, l'un 180 grammes d'or pur et 20 de cuivre, l'autre, 45 d'or et 55 de cuivre, pour former un troisième lingot qui contienne 75 grammes d'or et 25 de cuivre?

567. Dans quelle proportion faut-il allier deux lingots qui contiennent, le premier, 120 grammes d'or et 80 de cuivre ; le deuxième, 85 grammes d'or et 15 de cuivre, pour en former un troisième du poids de 100 grammes, au titre 0,75?

568. On a un lingot d'or à 22 carats et un autre à 148 carats ; on demande de les allier de manière à former un lingot au titre légal 0,9 des monnaies.

569. Deux lingots d'argent sont, l'un au titre de 11 deniers de fin et l'autre au titre de 7 deniers de fin : on demande de les allier de façon à former un troisième lingot au titre légal 0,9 des monnaies d'argent.

570. On a un lingot d'or natif, c'est-à-dire pur, du poids de 2 $\frac{1}{2}$ hectogrammes : quelle quantité d'alliage faut-il y ajouter pour l'amener au titre légal?

571. On a 3 kilogrammes de bijoux d'or au titre de 0,7 : quelle quantité d'or pur faut-il y ajouter pour former un lingot monnayable?

572. On a 2 kilogrammes de bijoux d'or au titre de 0,7 : quelle quantité de cuivre faut-il en extraire pour que le reste soit monnayable?

573. Quelle quantité de cuivre faut-il extraire d'un lingot qui contient 1500 grammes d'or et 500 de cuivre, pour que le lingot soit monnayable?

574. Quelle quantité de cuivre faut-il ajouter à 2 kilogrammes d'anciennes pièces d'or, pour qu'elles puissent former des monnaies d'or au titre 0,9?

575. Combien faut-il ajouter d'or pur à 52 grammes au titre $\frac{6}{13}$ pour élever ce titre à $\frac{5}{7}$?

576. On a 15 kilogrammes d'argent pur : combien faut-il y ajouter de cuivre pour les rendre monnayables ?

577. Combien 1 kilogramme d'argent pur donnerait-il de francs ?

578. Combien 5 kilogrammes d'anciennes pièces d'argent donneraient-elles de francs avec l'addition convenable de cuivre pour former le titre 0,9 ?

579. Combien faut-il ajouter d'argent fin à 6 kilogrammes d'argent au titre $\frac{5}{7}$ pour avoir un lingot monnayable ?

580. Porter le titre $\frac{1}{3}$ de 4 kilogrammes d'argent au titre $\frac{1}{4}$, par l'addition d'argent pur.

581. Abaisser le titre $\frac{14}{15}$ au titre $\frac{6}{7}$, à l'égard d'un lingot de 6 kilogrammes.

582. Quel est le prix du gramme d'argent pur ?

583. Quel est le prix du gramme d'or pur, sachant qu'il est les $\frac{31}{2}$ de celui du gramme d'argent pur ?

584. Quel est le poids de la pièce de 20 fr., la valeur de l'or étant les $\frac{31}{2}$ de celle de l'argent ?

585. Combien de francs peut-on former avec 1 kilogramme d'or à 24 carats ?

XXXIX. *Problèmes et exercices sur l'extraction de la racine carrée.*

586. Quelle est la racine carrée de 473344, et de $\frac{4}{9}$?

587. Quelle est la racine carrée de 27,9844 ?

588. Quelle est, à moins de $\frac{1}{7}$ d'unité, la racine carrée de $\frac{6}{7}$?

589. Quelle est, à moins de $\frac{1}{8}$ d'unité, la racine carrée de 12?

590. Quelle est, à 0,01 près, la racine carrée de $\frac{6}{11}$?

591. A quel taux doivent être placés 1500 fr. pour qu'en quatre ans ils s'élèvent à 2460 fr., en comptant les intérêts composés?

592. Quel est le côté d'un tapis carré qui est doublé d'une toile de 15 mètres de longueur sur 5 de largeur?

593. Un diamant de 36 carats a coûté 1560 fr. : combien coûte un de 45, les prix étant proportionnels aux carrés des poids?

594. Un corps est tombé de 10000 mètres de hauteur : combien a-t-il mis de secondes, sachant que le carré de ce temps est égal au produit de l'espace par 3m.,9888?

595. Quelle est, à 0,01 près, la racine carrée de 19?

XL. *Problèmes et exercices sur l'extraction de la racine cubique.*

596. Quelle est la racine cubique de 40220964?

597. Quelle est la racine cubique de 0,4829, à 0,01 près?

598. Quelle est la racine cubique de $\frac{8}{27}$?

599. Quelle est la racine cubique de $\frac{3}{16}$?

600. Quelle est la racine cubique de 58, à 0,01 près?

601. Quelle est la racine cubique de $\frac{15}{19}$, à 0,01 près?

602. A quel taux doivent être prêtés 1000 fr. pour s'élever à 1200 fr. en 3 ans, en comptant l'intérêt composé?

603. Une pierre équarrie a 3 mètres de hauteur, 2 mètres d'épaisseur et $3^{m},7$ de longueur : quel est le côté d'une pierre cubique qui a même volume ?

604. Quelle est la racine cubique de $\frac{318}{135}$, à $\frac{1}{15}$ près ?

605. A quel taux faut-il placer 1000 fr. à intérêts composés pendant 6 ans, pour retirer $3072^{fr},50$, tant en intérêts qu'en capital ?

XLI. *Problèmes et exercices sur la règle d'annuités.*

606. Un négociant fait un emprunt de 15600 fr. à 5 pour 100, avec la faculté de s'acquitter en deux annuités du capital et de ses intérêts composés à 5 pour 100 pendant 2 ans. Déterminer la quotité de l'annuité.

607. Acquitter, en 3 annuités égales, le capital 75000 fr., et ses intérêts composés pendant 3 ans, à 6 pour 100 l'an.

608. On a acquitté une dette en trois payements égaux et annuels de 1200 fr. chacun, et sur le pied de 6 pour 100 : quel est le montant ?

609. Un fermier a acheté sa ferme au prix de 180000 fr., qu'il ne remboursera que dans 3 ans, et pour lesquels il payera un intérêt annuel de 15000 fr. pendant cet intervalle ; mais il voudrait s'acquitter du capital et de ses intérêts au moyen de trois payements égaux effectués à la fin de chaque année : on demande le montant de chacun de ces payements.

610. Un bibliophile achète une bibliothèque pour 15000 fr., sous la condition qu'il ne remboursera le capital que dans 3 ans, et que, dans

cet intervalle, il payera un intérêt annuel de 1000 fr.; mais il voudrait s'acquitter en 3 payements égaux du capital et de ses intérêts : quel doit être le montant de chacun de ces 3 payements ?

XLII. *Emploi des proportions pour la résolution des problèmes qui dépendent de la règle de trois.*

611. Combien 15 ouvriers feront-ils de mètres d'un certain ouvrage dont 12 ouvriers ont fait 150 mètres ?

612. Le physicien Mariotte a démontré que les volumes de l'air sont en raison inverse des pressions qu'ils supportent : trouver, d'après cette loi, combien un volume d'air qui occupe actuellement 40 divisions dans un tube de diamètre constant, sous une pression de 8 kilogrammes, en occuperait sous une pression de 12 kilogrammes ?

613. On a acquitté le même jour une dette, par 3 payements, dont le deuxième est au premier comme 4 est à 6, et le troisième au deuxième comme 6 est à 9 : quelle est cette dette, sachant que le premier payement est de 1800 fr. ?

614. A combien s'élève la prime d'assurance de 65850 fr. à 7 pour 100 ?

615. Un négociant a acheté 4 tonneaux d'huile de Marseille, dont le poids brut est de 2500 kilogrammes : on demande le poids net, sachant que la tare est de 12 pour 100 ?

616. Lorsque 7 ouvriers, travaillant 6 heures par jour pendant 8 jours, font 210 mètres d'ouvrage, combien 10 ouvriers, travaillant 4 heures par jour, feront-ils, en 12 jours, de ce même ouvrage ?

617. Les mises de 3 associés sont 350 fr., 185 fr. et 515 fr., qui sont restées respectivement 10 mois, 7 mois et 4 mois dans la société pour produire un bénéfice de 4000 fr. : quel est le gain de chaque associé ?

618. Combien 1560 fr. à 5 pour 100 vaudront-ils dans 3 ans 8 mois ?

619. Combien 1846 fr., payables dans 44 mois, valent-ils, argent comptant, l'intérêt étant 5 pour 100 ?

620. Dans combien d'années 700 fr., placés à à 5 pour 100, vaudront-ils 840 francs ?

621. Quel est le taux auquel il faut placer 600 fr. pendant 3 ans pour qu'ils s'élèvent à 800 francs ?

622. Quel est l'escompte en dedans de 800 fr., payables dans 2 ans 7 mois, à 5 pour 100 ?

623. Combien doit-on payer d'escompte en dehors, à 7 pour 100, pour toucher un billet de 5400 fr., payables en 2 ans ?

624. A combien s'élèveront 780 fr. dans 2 ans 8 mois, placés à intérêts composés, au taux de 6 pour 100 ?

625. Combien 649 fr., payables dans 3 ans 7 mois, à 5 pour 100, valent-ils, argent comptant, en tenant compte des intérêts des intérêts ?

XLIII. *Application des progressions arithmétiques à la résolution de certains problèmes.*

626. Le premier jour d'un mois, Bacchus, de bonne humeur, boit un broc de vin, puis chaque jour suivant $\frac{1}{3}$ de broc de plus que le précédent :

combien a-t-il bu de brocs le trente et unième jour du mois et de brocs dans le mois?

627. Une allée a 54 mètres de longueur; un arbre est à 6 mètres de son entrée, et un autre est 6 mètres avant son extrémité : on demande de placer entre ces 2 arbres 6 autres arbres qui soient à des distances égales entre elles.

628. Un versificateur a fait 50 vers français, l'année qu'il était en rhétorique, et à dater de cette époque, dont il est éloigné de 25 ans, il a fait chaque année 20 vers de plus que la précédente : on demande combien il a de vers en son portefeuille?

629. Un pêcheur a pris dans sa semaine 77 kilogrammes de poisson, et cela, en commençant par en prendre le lundi un certain nombre de kilogrammes, puis chaque jour suivant, le même nombre que le jour précédent, plus une même quantité, de sorte que le dimanche il en a pris 17 kilogrammes : combien le lundi en a-t-il pris? combien le mardi, etc.?

630. En creusant un puits, on a rencontré inopinément une source qui a donné 87 hectolitres d'eau le premier jour, puis chaque jour suivant, une seule et même quantité de moins que le précédent; pourtant en 11 jours elle a donné 572 hectolitres : combien en a-t-elle donné le onzième, ce qui est ce qu'elle donne régulièrement depuis?

XLIV. *Application des progressions géométriques à la résolution de certains problèmes.*

631. Un marchand cède 12 mètres de drap à

20 fr. le mètre ou à $0^{fr},50$ le premier mètre, puis chaque mètre suivant, au double du précédent : quel est le marché le plus avantageux ?

632. Un voiturier s'est chargé de conduire un hectolitre de vin de Bordeaux à Paris; il met 20 jours pour faire le trajet, et chaque jour il prend un litre du liquide qui est dans le tonneau et le remplace par un litre d'eau : combien rend-il de litres de vin ?

633. Un voiturier qui conduit un tonneau de 160 litres de vin, en a pris 1 litre tous les jours depuis 10 jours, qu'il a remplacé au fur et à mesure par un litre d'eau : on demande ce qu'il a pris de vin ?

634. Le récipient d'une machine pneumatique contient 10 litres d'air, et la capacité de chacun des corps de pompe est d'un litre. Si l'un des pistons est au sommet de sa course et qu'on les fasse jouer 10 fois, combien extraira-t-on de litres du récipient ?

635. Pendant 7 années consécutives, et au commencement de chacune, un manufacturier a dépensé 5000 fr. en réparations dans sa fabrique : on demande à quelle somme ces réparations s'élèvent à la fin de la septième année, en tenant compte des intérêts composés à 6 pour 100 ?

XLV. *Application des logarithmes à la résolution de certains problèmes.*

636. Calculer la racine septième de 735849, à moins de 0,001.

637. Dans 5 ans, le capital 1586 fr. est devenu

2868 fr., l'intérêt étant composé : quel était le taux?

638. Un agriculteur achète une ferme pour 165000 fr., sous la condition qu'il payera l'intérêt à 6 pour 100 tant qu'il ne remboursera pas le capital; mais il obtient de s'en acquitter en 10 annuités au même taux de 6 pour 100 : on demande de déterminer la quotité de cette annuité.

639. Un manufacturier devait 265000 fr.; il s'en est acquitté par 10 annuités : en donner la quotité, sachant que le taux était 6 pour 100.

640. Il a fallu 10 annuités dont la quotité est de 22306 fr. pour acquitter un capital au taux de 6 pour 100 : on demande le prix de ce capital.

641. Combien faudrait-il d'annuités dont la quotité est de 22306 fr. pour acquitter, au taux de 6 pour 100, un capital dont le prix est de 165000 fr.?

642. Déterminer pendant combien de temps un capital doit être placé à 5 pour 100 l'an, pour acquérir une valeur double de sa valeur actuelle?

643. Un banquier doit 70000 fr., payables dans 4 ans à 6 pour 100; il donne un billet de 50000 fr. payable dans 3 ans au même taux : on demande ce qu'il doit donner ou recevoir en retour de son échange, en supposant que le payement ne doive être fait que dans 6 ans.

644. Dans combien de temps un capital placé à 10 pour 1000 sera-t-il doublé?

645. Donner ce qu'il reste de vin d'un hectolitre dont on a pris pendant 100 jours un litre chaque jour, et que l'on remplaçait par un litre d'eau.

646. Calculer combien le capital 3500 fr. vaudra, à 5 pour 100, dans 14 ans 2^{mois},4.

647. Sessa, roi d'une contrée d'Asie, se trouva dans l'impuissance de payer à l'inventeur du jeu d'échecs, un grain de blé pour la première case; 2 pour la deuxième, 4 pour la troisième, et ainsi de suite en doublant : on voudrait savoir combien l'inventeur aurait eu d'hectolitres, en prenant 100 grains par centilitre.

648. Si un grain de blé qu'on sème en rend 24, quelle récolte ferait le laboureur qui récolterait pour la vingtième fois les produits successifs d'un grain de blé?

649. Quelle est la valeur du chiffre 7 placé au sixième rang d'un nombre écrit dans le système duodécimal?

650. Comme la population de la France est de 36000000 d'âmes et qu'elle augmente de son [illegible] par an, on demande en combien d'années elle sera doublée?

PROBLÈMES DE RÉCAPITULATION.

651. A quel taux faut-il prêter 1000 fr. pour retirer, après 2 ans, 1113 fr., tant capital qu'intérêts simples?

652. En supposant que les intérêts sont composés, à quel taux faut-il placer 1000 fr. pour retirer $1612^{fr.},50$ au bout de 4 ans?

653. Partager 240 fr. entre 60 personnes, tant hommes que femmes, de façon que si les femmes étaient seules la part de chacune surpasse de 15 fr. la part de chaque homme, si les hommes étaient seuls : trouver le nombre des femmes, la part de chacune; ainsi que le nombre des hommes et la part de chacun.

654. Un capital inconnu vaut $851^{fr.},25$ au bout de 2 ans 3 mois, et 915 au bout de 3 ans 8 mois : trouver la valeur de ce capital et le taux de l'intérêt, qui d'ailleurs est supposé simple.

655. Après 3 ans, 560 fr. prêtés à intérêts composés, valent $648^{fr.},27$: on demande le taux de l'intérêt.

656. Un capital prêté à intérêts composés s'est élevé à 30000 fr. dans 7 ans : quel est ce capital, sachant que le taux est 6?

657. Un homme rencontre des pauvres et dit : Si je donne 6 liards à chacun, il me manquera 15 sous, et si j'en donne 5, il me restera 11 sous $\frac{1}{2}$. Combien y a-t-il de pauvres?

658. Sachant qu'il y a 100 litres d'eau dans un

bassin, et qu'en 1 jour cette quantité n'augmente que de sa $\frac{1}{30}$ partie : on demande au bout de combien de jours elle sera doublée?

659. Pour un billet de 5600 fr. payable dans 14 mois, un banquier a donné 5129fr.,45 : on demande le taux de l'escompte?

660 On demande l'intérêt de 4500 fr. pour 2 ans 5 mois à raison de 7 pour 100?

661. Un billet de 2854 fr. est payable dans 1 an; mais il est acquitté au bout de 7 mois sur le pied de 5 pour 100 : on demande pour quelle somme?

662. Un marchand achète d'un autre, à un an de terme, pour 1000 fr. de marchandises; le vendeur offre à l'acheteur de lui remettre 10 pour 100, s'il veut payer comptant : on demande le profit de l'acheteur?

663. Partager 1300 fr. entre 3 personnes, en sorte que la première ait le quintuple de la deuxième, et la deuxième le double de la troisième.

664. Partager 173 fr. entre 3 personnes, de façon que la seconde ait le double de la première plus 10 fr., et la troisième 3 fr. de plus que les deux autres ensemble.

665. Trois tisserands, en travaillant 7 heures par jour, ont fait 84 mètres de toile en deux jours; combien 5 tisserands en feront-ils en travaillant 4 heures par jour pendant 3 jours?

666. Partager 5 en deux parties telles que le quotient de la plus grande par la plus petite soit 5.

667. Quel est le nombre dont le $\frac{1}{10}$ et le $\frac{1}{8}$ ajoutés à 3 donnent la moitié de ce nombre?

668. Quelle est la racine carrée de 293764 ?

669. Une personne dépense en 10 jours 85 fr.: combien dépense-t-elle en une année ?

670. Depuis que l'hectolitre de blé se vend 35 fr. je n'ai que trois kilogrammes de pain pour $1^{fr}\cdot50$: combien en avais-je pour 5 fr. quand l'hectolitre n'était qu'à 25 fr. ?

671. La moitié d'une lance et $\frac{1}{3}$ sont dans l'eau, et 4 décimètres sont hors de l'eau ; quelle est la longueur de cette lance?

672. Achille poursuivant une tortue qui avait une lieue d'avance, allait 10 fois plus vite qu'elle : on demande quand il l'attrapa.

673. Il faut 720 carreaux de 8 pouces de longueur sur 6 de largeur pour carreler une salle de 40 pieds de longueur et de 6 de largeur ; on demande combien il faudra de carreaux de 10 pouces de longueur sur 7 de largeur pour carreler une salle de 42 pieds de longueur sur 30 de largeur.

674. Une armée marche à l'ennemi sur 5 colonnes telles que les rapports de la première à chacune des quatre autres sont $\frac{11}{10}$, $\frac{9}{8}$, $\frac{7}{6}$ et $\frac{5}{4}$; combien chaque colonne a-t-elle de kilogrammes de poudre, sachant qu'on leur en a distribué 15437 kilogrammes selon leur force?

675. Un seigneur laisse en mourant sa femme enceinte, et porte dans son testament : 1° que si elle accouche d'une fille, elle aura les $\frac{3}{4}$ de son bien et la fille $\frac{1}{4}$; 2° que si elle accouche d'un fils, elle n'aura que le $\frac{1}{4}$ et le fils les $\frac{3}{4}$: elle accouche d'un

fils et d'une fille ; quelle part chacun doit-il avoir dans la fortune, qui est de 130000 écus.

676. Un serrurier achète pour 17280 fr. de fer, à un an de crédit ; le maître de forges ayant besoin d'argent propose l'escompte à 8 pour 100 ; combien le serrurier lui doit-il comptant ?

677. Un particulier doit 14000 fr. à 17 mois de terme ; après deux mois il rembourse son créancier en lui passant l'escompte à 6 pour 100 l'an ; quelle somme débourse-t-il ?

678. Un drapier a du drap à 18 fr. qu'il ne veut céder en troc qu'à 21 fr. contre du velours vendu 24 fr. comptant par un autre ; à quel prix doit être troqué le velours ?

679. Un marchand achète 15 tonneaux d'huile pour 14900 fr.; combien doit-il payer le tonneau en rabattant 12 pour 100 pour la tare?

680. Un marquis veut non-seulement ressembler au plus fameux de ses ancêtres, 800 ans après la mort duquel il est né, mais encore à tous ses parents intermédiaires jusqu'au deuxième degré ; on demande à combien de personnes il ressemble, en supposant que chaque génération soit de 32 ans, et 2 personnes par génération ?

681. Une troupe d'ouvriers travaillant 9 heures par jour fait 225 mètres en 15 jours ; une autre travaillant 9 heures par jour fait 513 mètres en 27 jours ; les deux se composent de 748 ouvriers ; combien en contiennent-elles chacune ?

682. Trois lingots contiennent : le premier sur 1 marc, 7 onces d'argent ; le second 6 onces $\frac{1}{2}$, et le troisième 4 onces $\frac{1}{2}$; on demande ce qu'il faut

prendre de chacun pour former un lingot de 30 marcs à 6 onces d'argent par marc?

683. La fortune d'une personne s'élève à 10000 fr.; une partie est placée à 5 pour 100, et l'autre à 7; sachant que son revenu est de 550 fr. déterminer chaque partie?

684. Une personne a 7500 fr. prêtés à un taux que l'on ne connaît pas; mais on sait que les intérêts joints à ceux de 2500 fr. qui sont placés à 2 pour 100 de plus, lui font un revenu de 550 fr.: on demande à quel taux sont prêtées chacune de ces sommes?

685. Trois frères ont acheté une propriété pour 50000 fr.; il manque au premier pour la payer, la moitié de l'argent du second; à celui-ci $\frac{1}{3}$ de l'argent du premier; et au troisième le $\frac{1}{4}$ de l'argent du premier; combien ont-ils chacun?

686. Un marchand a deux espèces de thé, l'une lui revient à 14 fr. et l'autre à 18 fr. le kilogramme. Il fournit à un de ses correspondants une caisse d'un mélange de ces deux qualités de thé tel, que le kilogramme lui revient à 16fr,80. Il reçoit 1932 fr. pour payement; on demande combien il y avait de thé de chaque espèce, sachant qu'il gagne 15 pour 100?

687. Trouver la valeur du chiffre 5 placé au septième rang dans un nombre écrit dans le système duodécimal.

688. Un orfèvre achète 44 pièces tant d'or que d'argent; il gagne 2fr,15 par pièce d'or et 1fr,45 par pièce d'argent et en tout 81fr,30: combien a-t-il de pièces de chaque métal?

689. Deux joueurs ont 96 fr. en se mettant au

jeu ; le premier gagne 16 fr. à l'autre, et par suite son argent est triple de celui qu'avait le second : combien chacun avait-il ?

690. Deux troupes d'ouvriers composées en tout de 70, ont fait 1920 mètres en 8 jours ; chaque ouvrier de la première troupe faisait 4 mètres par jour, et chaque ouvrier de la deuxième en faisait 3 : combien y avait-il d'ouvriers de chaque troupe ?

691. S'acquitter d'une somme de 1000 fr. et de ses intérêts simples à 5 pour 100 par 7 payements effectués à des intervalles de 6 mois et dont le premier arrive dans 4 mois, date de ce jour.

692. On demande le temps pendant lequel 1500 fr. ont été placés à intérêts composés au taux de 6 pour 100 pour s'élever à 3499fr,40.

693. Pendant combien de temps 2840 fr. ont-ils été placés à intérêts composés au taux de 6 $\frac{1}{4}$ pour 100, pour s'élever à 3749fr,66.

694. Si le revenu journalier d'une personne diminue de 1fr,85 quand son débiteur, au lieu de lui donner 5 pour 100, ne lui donne que 4 $\frac{1}{3}$, quel doit être son capital et quel doit être son revenu ?

695. Un négociant prélève 1000 fr. chaque année sur son fonds social, et cependant il l'augmente du $\frac{1}{3}$ du reste, de sorte qu'au bout de 3 ans il est doublé. Quel est ce fonds ?

696. Une remonte de 1500 chevaux doit être répartie entre 3 régiments de chasseurs suivant leur force ; celle du premier est à celle du deuxième comme 9 est à 7, et à celle du troisième comme 5 est à 4 ; combien chaque régiment doit-il avoir de chevaux ?

697. Un homme a 5 pieds 7 pouces 8 lignes : quelle est sa taille en mètres?

698. Un fonctionnaire, sur le point de changer de résidence, veut vendre 146000 fr. une maison, un jardin et une ferme. On demande le prix qu'il veut avoir de chaque pièce, sachant que celui de la maison est les $\frac{5}{3}$ de celui du jardin et celui de la ferme les $\frac{18}{7}$ de celui de la maison?

699. On a payé 24855 pour la rançon de 39 officiers, tant capitaines que lieutenants, à raison de 857 fr. par capitaine et de 500 fr. par lieutenant : combien y avait-il d'officiers de chaque grade ?

700. Si on ajoute terme à terme les deux fractions $\frac{5}{8}$ et $\frac{10}{16}$, la nouvelle fraction différera-t-elle des proposées ?

701. Si on retranche un même nombre entier 5 aux deux termes de la fraction $\frac{7}{8}$; la nouvelle fraction différera-t-elle de la proposée ?

702. Un messager de Paris à Strasbourg fait son trajet en 21 jours en marchant 6 heures par jour : combien devrait-il faire d'heures par jour pour arriver en 15 jours?

703. Le pied de Londres est à celui de Paris dans le rapport de 15 à 16; combien 720 pieds de Londres valent-ils de pieds de Paris?

704. Le rapport de toute circonférence à son diamètre est de 22 à 7 ; on demande combien une circonférence dont le diamètre est de 5 mètres, vaudrait elle-même de mètres, si on en faisait une ligne droite ?

705. Les roues d'un carrosse ont un diamètre de $1\frac{1}{2}$ mètre ; combien feront-elles de tours par kilo

mètre, sachant que le rapport de la circonférence au diamètre est celui de 22 à 7 ?

706. Les roues de devant d'un carosse ont 1 mètre de diamètre et les autres 1 $\frac{1}{2}$; dans quel rapport seront les nombres de tours qu'elles feront par kilomètre ?

707. Trois bateliers ont conduit : le premier 1000 kilogrammes à 50 myriamètres ; le second, 1500 kilogrammes à 60 myriamètres ; le troisième, 5000 kilogrammes à 40 myriamètres ; ils ont reçu 6100 fr. : que revient-il à chacun ?

708. Le parc d'une armée est de 165 pièces de canon ; comme elle est partagée en 3 divisions telles que la première est à la seconde :: 5 : 4 et à la troisième :: 7 : 3, on demande de répartir l'artillerie dans la même proportion.

709. Un épicier a deux espèces de thé ; un kilogramme de la première lui revient à 3fr.,50, et un kilogramme de la seconde à 2fr.,05. Il expédie un mélange de 100 kilogrammes sur lequel il gagne 100 fr. Déterminer la composition du mélange ?

710. Un boulanger a acheté 150 hectolitres d'une certaine farine à 35fr.,40 l'hectolitre, 115 hectolitres d'une seconde à 30 fr. ; et 100 hectolitres d'une troisième à 28fr.,50, il mêle le tout ; combien doit-il vendre l'hectolitre du mélange pour gagner 1000 fr ?

711. Sachant que le rapport de toute circonférence à son diamètre est celui de 22 à 7, trouver combien une circonférence d'un rayon de 5 mètres en contient de fois une d'un rayon de 3 mètres.

712. La piste d'un manége a un diamètre de 10

mètres ; quelle est en ligne droite la longueur de cette piste, sachant que le rapport de toute circonférence à son diamètre est celui de 22 à 7 ?

713. Un dévidoir a 6 décimètres de diamètre : et la bobine dont il déroule le fil n'en a que 1 : combien la bobine fait-elle de tours pendant que le dévidoir en fait 10, sachant que le rapport de toute circonférence à son diamètre est celui de 22 à 7 ?

714. Le chien d'un cloutier se meut dans une roue qui a 3 mètres de diamètre ; on demande combien il doit lui faire faire de tours pour qu'il parcoure un myriamètre ?

715. La pièce de 5 francs a 37 millimètres de diamètre, combien a-t-elle de circonférence, sachant que le rapport de toute circonférence à son diamètre est celui de 22 à 7 ?

716. La pièce de 40 francs a 26 millimètres de diamètre, combien a-t-elle de circonférence ?

717. La terre a 40000000 de mètres de circonférence, combien en a-t-elle de diamètre, sachant que le rapport de toute circonférence à son diamètre est celui de 22 à 7 ?

718. La terre est à 35000000 de lieues du soleil; de quelle longueur est la circonférence qu'elle décrit autour de cet astre ?

719. Quelle est la vitesse quotidienne de la terre dans son mouvement autour du soleil, mouvement dit de translation ?

720. Quelle est la vitesse par heure de la terre dans son mouvement sur elle-même, mouvement dit de rotation ?

721. Partager 1 sou entre 20 personnes, de ma-

nière que chacune soit payée en monnaie courante ?

722. Un professeur, voulant distribuer des oranges à ses élèves, dit que pour en donner 7 à chacun il lui en manque 5, et que s'il n'en donne que 4, il lui en restera 13 ; quel est le nombre de ses élèves ?

723. Un brick fait une voie d'eau qui donne 5 mètres cubes en 3 heures ; on ne s'en aperçoit qu'au bout de 2 heures ; alors on fait jouer 2 pompes dont l'une en enlève $2^{m.c.},67$ en $2\frac{1}{2}$ heures, et l'autre 3 mètres cubes en $1\frac{3}{4}$; en combien de temps remettront-elles le brick à sec ?

724. Deux voyageurs vont dans le même sens ; le premier a 150 myriamètres d'avance, fait 4 myriamètres en 3 heures, et part 18 heures avant le second, qui parcourt 9 myriamètres en 5 heures. On demande en combien de temps celui-ci atteindra le premier ?

725. L'aiguille des minutes et celle des heures correspondent au même point du cadran, entre 5 et 6 heures du matin ; quelle heure est-il ?

726. L'aiguille des minutes et celle des heures correspondent au même point du cadran, entre 9 heures et 10 heures ; quelle heure est-il ?

727. Une personne veut distribuer son argent à des pauvres qu'elle rencontre ; en donnant à chacun 9 sous, il lui manque 32 sous, et en donnant à chacun 7 sous, il lui reste 24 sous ; combien a-t-elle d'argent, et combien y a-t-il de pauvres ?

728. Quarante personnes, hommes, femmes et enfants ont dépensé 37 sous, savoir chaque homme 4 sous, chaque femme 3 sous et chaque

enfant 4 deniers ; sachant que le nombre des femmes était le $\frac{1}{11}$ de celui des enfants, déterminer le nombre des hommes, celui des femmes et celui des enfants?

729. Une fermière vend dans une première maison la moitié de ses œufs, plus la moitié d'un œuf et n'en casse point, dans une seconde maison, la moitié de son reste, plus la moitié d'un œuf et n'en casse point ; et de même dans une troisième et n'a plus un seul œuf; combien en avait-elle?

730. Un père et ses deux fils ont 96 ans entre eux trois ; l'âge du père surpasse de 4 ans la somme des âges de ses fils, dont l'aîné a 2 ans de plus que l'autre. Quel âge ont-ils chacun ?

731. Un père et ses trois enfants ont 76 ans : l'âge du père surpasse de 4 ans la somme des âges de ses trois enfants ; enfin les différences entre les âges de ceux-ci sont chacune de 2 ans ; quel est l'âge de chacune de ces quatre personnes ?

732. Le seigneur d'un village donne 1216 fr. à l'instituteur pour qu'il les partage entre les 15 habitants les plus nécessiteux, en raison inverse de leurs ressources ; or 5 n'ont que ce qu'ils mendient, estimé à 0fr.,25 par jour ; 4 sont de vieux soldats dont la pension est de 0fr.,35 par jour ; enfin les 6 autres n'ont que leur travail, et comme ils sont âgés, ils ne gagnent que 0fr.,50 par jour ; combien chacun recevra-t-il de l'instituteur?

733. Tout volume d'argent pèse 10,474 fois ce que pèse un égal volume d'eau ; combien faudrait-il de pièces de 1 franc pour faire 1 mètre cube?

734. Trois hommes ont dépensé une certaine somme; le premier et le second ensemble,

5 fr. de plus que le troisième ; le premier et le troisième ensemble 15 fr. de plus que le second ; le second et le troisième, 25 fr. de plus que le premier. Quelle est la somme dépensée par chacun?

735. Un pré a $40^{m.},5$ de longueur, sur $7^{m.},8$ de largeur ; quelle longueur faut-il prendre dans un autre pré de $9^{m.},6$ de largeur pour avoir un terrain équivalent?

736. Les produits d'une ferme sont assurés contre la grêle à raison de $0^{fr.},65$ par franc de dommage ; ces produits s'élèvent à 7835 fr., et la perte à 4600 fr. Que revient-il au fermier, sachant qu'il devait avoir les $\frac{3}{7}$ des produits?

737. Un tanneur a une fosse carrée de 2 mètres de profondeur, sur 3 mètres de largeur et 4 mètres de longueur ; elle contient 24 mètres cubes d'eau ; combien une autre fosse de $5^{m.},5$ de longueur sur 4 de largeur et $3^{m.},5$ de profondeur en contiendra-t-elle?

738. Trois personnes ont chacune un certain nombre de louis ; la première double les nombres des deux autres ; puis chacune de celles-ci fait de même à son tour ; alors elles ont chacune 8 louis ; combien avaient-elles d'abord?

739. On a formé un lingot de $35^{hectogr.},365$ en fondant des anciennes monnaies d'argent dont la moitié était de billon, ou au titre $\frac{1}{5}$; et l'autre moitié au titre $\frac{11}{12}$; combien faut-il y ajouter d'argent pur pour les porter au titre légal 0,9 ?

740. Sachant qu'il faut 81 livres tournois pour faire 80 francs, déterminer le poids de l'argent pur contenu dans la pièce de 20 sous.

741. Sachant que l'or vaut les $\frac{31}{2}$ de l'argent, quel

devait être le poids de l'or de la pièce d'or de 24 livres tournois ?

742. Un négociant a fait dans une opération un bénéfice inconnu qu'il partage entre ses trois enfants de la manière suivante : le premier a 1000 fr., plus le $\frac{1}{4}$ de ce qu'il reste ; le deuxième a 2000 fr., plus le $\frac{1}{4}$ de ce qu'il reste ; et le troisième 3000 fr, plus le $\frac{1}{4}$ de ce qu'il reste. Alors ils ont chacun la même part de tout ce bénéfice, qu'il s'agit de déterminer.

743. Deux joueurs comptent leur argent avant que d'entrer au jeu, et le premier dit au deuxième : si je te gagne 6 fr., j'aurai le triple de ce qu'il te restera ; et si tu me gagnes la $\frac{1}{2}$ de mon argent, tu auras 4 fr. de plus que moi : qu'ont-ils chacun ?

744. Former un lingot qui contienne $52^{gr.},2$ d'or et $7^{gr.},8$ d'argent au moyen de deux lingots dont l'un contient 270 grammes d'or et 30 d'argent, et l'autre 40 d'or et 10 d'argent.

745. Former la longueur du mètre avec 45 pièces, tant de 20 fr. que de 40 fr., sachant que leurs diamètres respectifs sont de 21 et 26 millimètres.

746. Les capitaines et les lieutenants de deux régiments sont au nombre de 42 et reçoivent 225 fr. par jour, savoir : chaque capitaine $6^{fr.},50$ et chaque lieutenant $4^{fr.},50$: combien y a-t-il d'officiers de chaque grade ?

747. On donne 295 fr. par jour à un nombre inconnu de capitaines, lieutenants et maréchaux-des-logis, savoir : $6^{fr.},50$ à un capitaine, $4^{fr.},50$ à un lieutenant, et $1^{fr.},75$ à un maréchal-des-logis : combien sont-ils en tout, sachant que le nombre

des lieutenants plus les $\frac{8}{9}$ de celui des capitaines est égal à celui des maréchaux-des-logis ?

748. Le capital 3750 fr. a rapporté 719fr.,25 en $2\frac{1}{2}$ ans : on demande à quel taux.

749. En 27 mois, à 0fr.,50 pour 100 par mois, un capital a rapporté 1312fr.,65 : quel est ce capital ?

750. Le capital 7400 fr., dans 27 mois, a rapporté 832fr.,50 : on demande combien 8500 fr., placés au même taux rapporteront dans 45 mois.

751. On demande d'acquitter en trois payements égaux effectués à la fin de chaque année le capital 4500 fr. placé à intérêts composés pour 3 ans.

752. Le cours du 5 pour 100 étant à 75fr. 50, quelle somme faudrait-il pour se procurer 3fr.,50 de revenu par jour sur l'État?

753. Le cours du 3 pour 100 étant à 54 fr., quelle somme faudrait-t-il pour se procurer 3000 fr. de revenu sur l'État?

754. Deux lingots contiennent, le premier, sur 9 kilogrammes, 7 d'argent et 2 de cuivre; le deuxième, sur 18 kilogrammes, 17 d'argent et 1 de cuivre : que faut-il prendre de chacun pour en former un troisième qui contienne 10 kilog. d'argent et 1 de cuivre?

755. Trouver l'intérêt, au bout de $7\frac{1}{2}$ mois, de 15685 fr. placés à $4\frac{1}{7}$ pour 100 l'an.

756. Une personne a loué une maison pour une certaine somme, a sous-loué la moitié pour le double, et du tiers, qu'elle a aussi sous-loué à cette condition, elle retire 200 fr. : combien

a-t-elle loué la maison et quel est son bénéfice ?

757. Une maison estimée 50000 fr. est assurée contre l'incendie à raison de $0^{fr.},75$ par franc de dommage ; elle est incendiée, et le dommage est estimé 37000 fr. : à quelle indemnité a droit une personne qui en possède le tiers ?

758. Un sac d'argent pèse $12^{kil.},345$; il contient 150 pièces de 5 fr., 30 de 2 fr. et le reste de 1 fr. : combien y a-t-il de ces dernières pièces ?

759. Un marchand achète $53^{m.},28$ de drap pour $380^{fr.},952$. Il en revend : 1° $17^{m.},45$ avec un bénéfice de 9 pour 100 ; 2° $23^{m.},20$ avec un bénéfice de $7\frac{1}{2}$ pour 100 ; 3° enfin il vend le reste $37^{fr.},44$ de plus qu'il ne lui avait coûté : on demande combien il a gagné sur chaque mètre, terme moyen.

760. Sachant que le rapport de toute circonférence à son diamètre est celui de 22 à 7, et qu'Épinal est sur le 48me $\frac{1}{4}$ degré de latitude nord : à quelle distance cette ville est-elle du pôle, le rayon de la terre étant de 1466 lieues.

761. Sachant que la circonférence de la terre vaut : 1° 360 degrés, et 2° 40000000 de mètres : déterminer la distance d'Épinal au pôle nord, la latitude nord de cette ville étant 48 $\frac{1}{4}$ degrés.

762. Des maçons reçoivent 3 fr. par jour et leurs aides 2 fr. : combien sont-ils s'ils ont reçu 357 fr. ?

763. Un lingot pèse $2^{myr.},105504$ et donne 5 centimes d'argent par gramme : quelle est sa valeur, abstraction faite de l'alliage ?

764. Sachant que le rapport de toute circonférence à son diamètre est celui de 22 à 7 et que la

circonférence de la terre est de 40000000 de mètres : trouver son rayon.

765. Sachant que 60 mètres de drap de première qualité à $\frac{3}{4}$ coûtent 1440 fr. : combien 30 mètres de deuxième qualité à $\frac{2}{3}$ coûteront-ils, en admettant qu'à dimensions égales, 1 mètre de drap de deuxième qualité coûte les $\frac{15}{16}$ du prix d'un mètre de première?

766. Sachant que 80 mètres de toile de première qualité à $\frac{4}{5}$ coûtent 1120 fr.; combien 50 mètres de toile de deuxième qualité à $\frac{3}{4}$ coûteront-ils, en admettant qu'à dimensions égales, un mètre de toile de deuxième qualité coûte les $\frac{6}{7}$ du prix d'un mètre de première?

767. Une longueur de 18 mètres de papier sur 1m.,5 et de première qualité coûte 6 fr.; combien coûtera une longueur de 25 mètres sur 1m.,2 et de deuxième qualité, en admettant qu'à dimensions égales, le mètre de papier de deuxième qualité coûte les $\frac{6}{7}$ du prix du mètre de première qualité ?

768. Un marchand céderait 35 mètres de drap de deuxième qualité à $\frac{2}{3}$ pour 840 fr., payables dans deux ans ; ou bien comptant, sous la condition que le prix du mètre serait, à dimensions égales, les $\frac{15}{16}$ du prix du mètre de drap de première qualité et dont 30m. à $\frac{3}{4}$ coûtent 720 fr. comptant : quel est le plus avantageux de ces deux marchés, en supposant le taux de l'argent 10 pour 100 l'an?

769. Un marchand a deux qualités de toile : 100 mètres de la première qui sont à $\frac{4}{5}$ coûtent 1000 fr. comptant. Il en offre 80 mètres de la deuxième, qui sont à $\frac{2}{3}$ pour 900 fr. payables dans 3 ans, ou,

pour être payés comptant, sur le pied des $\frac{19}{20}$ du prix de la première à dimensions égales : quel est le marché le plus avantageux, en supposant le taux à 8 pour 100 l'an ?

770. Trois mobiles partent en même temps d'un même point d'une circonférence de 16 mètres ; ils en parcourent, par heure, respectivement 3 mètres, 15 mètres et 18 mètres : on demande dans combien de temps ils se retrouveront ensemble.

771. Un entrepreneur offre à un propriétaire de recouvrir sa maison en tuiles ou en zinc ; il demande 1000 fr. pour la recouvrir en tuiles et 2000 fr. pour la recouvrir en zinc. Il garantit que la première couverture durera 3 ans et l'autre 6 ; qu'elles exigeront, à la fin de chaque année, la première, une réparation de 100 fr., qui augmentera de son $\frac{1}{4}$ les années suivantes ; et la deuxième, une réparation de 210 fr., qui augmentera de son $\frac{1}{6}$ les années suivantes : en supposant que tout travail se paye d'avance et que l'intérêt est composé et à 10 pour 100, quel est le marché le plus avantageux ?

772. Les propriétaires d'une locomotive veulent faire un revenu annuel de 200 fr. par an, capital à 5 pour 100, au mécanicien qui a eu les jambes emportées dans son service ; pour cela, le premier donne son revenu d'un jour ; le deuxième, le triple de ce revenu, et le troisième, la moitié de ce que donnent les deux autres ensemble : que donnent-ils chacun ?

773. Les cinq propriétaires d'une manufacture veulent que les enfants des ouvriers reçoivent l'instruction primaire ; pour cela ils font un revenu de 1200 fr. à un instituteur privé, au moyen d'un

capital spécial à 6 pour 100; les deux premiers donnent la même somme, deux autres donnent chacun le $\frac{1}{3}$ du double, et le cinquième en donne les $\frac{2}{5}$: que donnent-ils chacun de ce capital?

774. Un ballon a fait 226 mètres dans la première minute de son ascension et 56 dans la dernière; car chaque minute suivante, il faisait 9 mètres de moins que la précédente : combien a-t-il mis de temps pour faire 2920 mètres?

775. Un homme rencontre des pauvres et dit : si je donne 6 liards à chacun, il me manquera 15 sous, et si j'en donne 5 il me restera $2\frac{1}{2}$ sous : combien y a-t-il de pauvres?

776. Tout volume de fer pèse 7,2 fois ce que pèse un égal volume d'eau; or un boulet pèse 2,7 kilogrammes; trouver : 1° combien il contient de centimètres cubes; 2° combien son diamètre contient de centimètres linéaires, sachant que les $\frac{11}{21}$ de son cube valent le volume du boulet.

777. Un glaçon présente au-dessus de l'eau une hauteur de 0m·,05 : trouver son épaisseur, sachant que, par la congélation, tout volume d'eau augmente de sa $\frac{1}{13}$ partie.

778. La hauteur du faîte d'un toit au-dessus du mur de façade est de 5 mètres, et sa distance horizontale à ce même mur est de 18 : quelle est la pente de ce toit?

779. La pente d'un toit est par mètre de 0m·,3888, et sa projection est de 20 mètres : quelle est la hauteur du faîte sur le mur de façade?

780. Les 2 aiguilles d'une montre sont sur midi; elle avance de 13 minutes en 24 heures : quelle heure sera-t-il quand elle marquera 8h· 5'?

781. Quand une horloge sexagésimale marque $5^{h.}\ 13'\ 15''$ du matin, quelle heure marque l'horloge décimale?

782 D'après cette loi astronomique : que les carrés des temps des révolutions des planètes autour du soleil sont entre eux comme les cubes de leurs distances à cet astre : quelle est la distance de Mercure au soleil, sachant qu'il fait sa révolution en $87^{j.}23^{h.}44'30''$, et que la terre, qui est à 34500000 lieues du soleil, fait la sienne en $365^{j.}5^{h}48'49''$.

783. Vu 1° la loi précédente ; 2° la durée de la révolution de la terre, et 3° sa distance au soleil, quelle est la durée de la révolution de Vesta, qui est à 81530000 lieues du soleil?

784. Combien doit-on prendre de mètres de toile à $\frac{3}{4}$ pour doubler 40 mètres de drap à $\frac{5}{7}$.

785. On a une pièce d'or au titre de $\frac{5}{7}$: l'alliage est d'argent : on en demande la valeur, sachant que la valeur de l'or pur est à celle de l'argent :: 31 : 2 et qu'elle pèse 42 grammes.

786. Une pièce composée d'or et d'argent pèse 42 grammes et vaut 406 fr. : on en demande le titre, sachant que la valeur de l'or est à celle de l'argent :: 31 : 2.

787. Une pièce composée d'or et d'argent est au titre $\frac{5}{7}$ et vaut 406 fr. : on en demande le poids sachant que la valeur de l'or est à celle de l'argent :: 31 : 2.

788. Une pièce composée d'or et d'argent et au titre $\frac{5}{7}$, vaut 406 fr. et pèse 42 grammes : on demande la valeur de l'or par rapport à celle de l'argent?

789. Deux lingots pèsent chacun 800 grammes et leurs titres respectifs sont $\frac{7}{8}$ et $\frac{14}{15}$: quelle quantité faut-il prendre de chacun pour en former un de 600 grammes au titre légal?

790. La densité de l'or est 19,36 ; un lingot d'or, pesé dans l'eau, a pesé 348 grammes de moins que dans l'air : on en demande le poids et le volume?

791. Un lingot d'or pèse 590 grammes dans l'air : on en demande le poids dans l'eau, ainsi que le volume, sachant que la densité de l'or est 19,36.

792. Le diamètre d'une pièce de 5 fr. est de 37,25 millimètres : on demande quel est le plus petit nombre de ces pièces, qui, mises en ligne droite, donnent un nombre exact de centimètres?

793. Un ouvrier ne gagne que les $\frac{2}{3}$ de ce que gagne un autre; il économise néanmoins 240 fr. par an, et dépense 30fr,60 par mois : on demande combien l'autre gagne par jour, sachant qu'il ne travaille que 25 jours par mois?

794. La circonférence de la terre est à celle du soleil :: 1 : 112 : quelle est la circonférence du soleil?

795. La distance d'Uranus au soleil est de 662000000 de lieues : quelle est la vitesse de cette planète, sachant qu'elle fait sa révolution en 83 ans 29 jours 8 heures 39 min.?

796. Quel est le poids de la terre, sachant que sa densité est 45, et que son volume est les $\frac{11}{21}$ du cube de son diamètre, supposé de 12731000 mètres?

797. Quelle est la racine cubique de : 259449766065673785344?

798. Trois voyageurs ont dépensé tout ce qu'ils avaient moins 6 fr.; l'argent du premier et celui du deuxième font ensemble les $\frac{3}{4}$ de la dépense ; l'argent du premier et celui du troisième les $\frac{2}{3}$, et l'argent du deuxième et celui du troisième font 19 fr. de plus que la moitié : qu'ont-ils dépensé et qu'avaient-ils chacun?

799. Trouver la valeur du franc en livre tournois, et réciproquement, sachant que l'argent pur contenu dans le franc pèse 84grains,722175, et que l'argent pur contenu dans la livre tournois pèse 83grains,6765936.

800. Un diamant de 19 carats a coûté 7500 fr.: un autre a coûté 61477 : trouver son poids, sachant que les prix sont proportionnels aux carrés des poids.

801. Sachant que la pièce de 20 fr. pèse 6gr.,45161 : trouver la valeur du gramme d'or pur.

802. La pièce de 20 fr. étant donnée, et la valeur de l'or étant à celle de l'argent :: 31 : 2, trouver la valeur du gramme d'or pur.

803. Un tonneau renferme 950 litres de vin à 66 fr. l'hectolitre; 125 litres à 60 fr., et un nombre inconnu à 150 fr. ; or, en le vendant 0fr.,50 le litre, on gagne 326 fr. : quelle est la capacité ?

804. Un ais de sapin a un volume de 17 mètres cubes et sa densité est 0,6 : combien déplacera-t-il d'eau en flottant sur ce liquide supposé pur et à son maximum de densité?

805. Un ais de chêne déplace 20 mètres cubes d'eau : quel est son volume, sa densité étant 0,9?

806. La densité de la vapeur d'eau est les $\frac{5}{8}$ de celle de l'air, dont un litre pèse 1g.,289 : combien pèse un mètre cube de vapeur?

807. Les surfaces de deux cercles sont de 154 mètres carrés et 9 mètres carrés et dans le rapport des rayons carrés ; le plus grand rayon est de 7 mètres : quel est l'autre?

808. On a deux mélanges de soufre et de salpêtre : par livre du premier, il y a 3° $\frac{2}{3}$ de soufre et 12° $\frac{1}{3}$ de salpêtre ; et par livre du second, 7° $\frac{1}{2}$ de soufre et 8° $\frac{1}{2}$ de salpêtre; que faut-il prendre de chaque mélange pour en former un troisième qui contienne 5° de soufre et 11 de salpêtre?

809. Les deux aiguilles d'une montre, après avoir été ensemble sur midi se sont rencontrées au bout de 1h. 9' $\frac{45}{55}$. On demande si cette montre va bien ; et dans le cas contraire, de combien elle retarde ou avance.

810. On a donné 198 fr. à 4 ouvriers, combien ont-ils reçu chacun, si le premier a fait 5 mètres dans 13 degrés de difficulté ; le second, 7 mètres dans 10 degrés ; le troisième, 9 mètres dans 6 degrés ; le quatrième 12 mètres dans 14 degrés.

811. Partager 360000 entre 5 personnes en raison inverse de leurs âges, qui sont respectivement de 30, 20, 18, 12, et 10 ans.

812 Quelqu'un achète pour 960 fr. à un an de crédit ; il a 4 pour 100 d'escompte ; il en profite en devançant le terme, il ne paye que 997fr.,60 ; à quelle époque s'est-il libéré?

813. Deux lycéens pénètrent dans le cellier de leur lycée ; ils y trouvent une dame-jeanne de 10 litres pleine de vin, une de 7 qui est vide, et une

de 3 qui est encore vide ; cependant ils se partagent le vin également. Comment y parviennent-ils ?

814. Un capital prêté à un certain taux rapporte 270 fr. par an ; prêté à 1 fr. de plus, il rapporte 330 fr. On demande quel est ce capital et quels sont les taux.

815. Un colonel offre 1400 fr. à 4 soldats pour qu'ils poursuivent ; 2, chacun un cheval, le troisième, une charrette, le quatrième, un chameau : sous ces conditions : que si 2 n'atteignent rien ; mais que le quatrième ramène le chameau et un autre un cheval, ces deux-ci se partageront 1000 fr. dans le rapport de 4 à 3 ; que si le troisième ramène la voiture et un autre un cheval, les deux partageront aussi dans le rapport de 4 à 3. que si le troisième ramène la voiture et le quatrième le chameau, le partage sera de 2 parties égales. Mais tout est ramené, que doit avoir chaque soldat?

816. Une pièce de 5 fr. ne vaut que $4^{fr},20$: quel est son poids?

817. Une pièce de 5 fr. ne pèse que 21 grammes ; quelle est sa valeur?

818. Une pièce de 5 fr. pèse 25 grammes, mais ne vaut que $4^{fr},20$; combien contient-elle de cuivre ?

819. Combien de fois les aiguilles d'une montre seront-elles en ligne droite en 12 heures ?

820. Une troupe d'ouvriers reçoit chaque jour la même somme ; un jour elle a fait 5 mètres d'ouvrage, et son travail s'est trouvé payé à raison de

15 fr. le mètre ; quel sera le prix du mètre quand elle fera 8 mètres par jour?

821. Un hercule prétend avoir acquis sa force dans l'intervalle de $2\frac{1}{2}$ ans, et cela en portant 80 kilogrammes le premier mois, puis chaque mois suivant 5 kilogrammes de plus que le précédent : combien porte-t-il aujourd'hui ?

822. Entre deux arbres qui sont à 24 mètres de distance, et dont le premier est à 6 mètres de la porte d'entrée d'un jardin, un jardinier doit en placer 5 autres ; de combien de mètres doivent-ils être séparés?

823. Un père interrogé sur l'âge de son fils répond : si du double de l'âge qu'il a maintenant, vous retranchez le triple de celui qu'il avait il y a 6 ans, vous aurez son âge actuel; cherchez.

824. Un marchand a 2 espèces de thé, la première à 14 fr. le kilogramme, la seconde à 18 fr. combien doit-il prendre de chacune pour faire une caisse de 100 kilogrammes qui vaille 1680 fr.

825. On a rempli en 12 minutes un vase de 39 litres en faisant couler séparément 2 fontaines dont l'une fournit 4 litres par minute et l'autre 3 ; combien de temps chacune a-t-elle coulé ?

826. Un ouvrier fait 27 toises en 4 jours, un second, 35 toises en 6 jours, un troisième, 40 toises en 12 jours ; quel temps leur faudrait-il pour faire ensemble 765 toises?

827. On demande le vin enlevé d'un tonneau de 380 litres, sachant que pendant 31 jours, on y a pris chaque jour un litre qu'on a remplacé par 1 litre d'eau?

828. Sachant qu'un ballon doit s'élever de 47

mètres dans la première minute de son ascension et de 5 mètres de moins chaque minute suivante : de combien de mètres s'élèvera-t-il en 9 minutes ?

829. Un berger vend 18 têtes de bétail à choisir dans son troupeau à $0^{fr.},05$ la première, et à condition que le prix de chacune des suivantes sera le triple des prix de la précédente ; que reçoit-il ?

830. Sachant que les gaz se dilatent de 0,00375 de leur volume par 1° de chaleur, trouver le volume que 12 litres d'air à 0° auront à 25° centigrades.

831. Cinquante hommes vivent 100 jours avec une certaine quantité de farine ; combien 240 vivraient-ils de temps avec cette quantité ?

832. La garnison d'une place est de 6000 hommes ; la ration d'un homme sera de 18 onces s'ils y restent 6 mois. On amène 1500 hommes qui tiendront 10 mois ; quelle sera la nouvelle ration ?

833. Quel volume 15 litres d'air portés de 0° de chaleur et de $0^{m.},76$ de pression à 65° de chaleur et $10^{m.},24$ de pression auront-ils ?

834. Deux joueurs qui avaient 36 fr. perdent 10 fr.; alors l'un n'a plus que les $\frac{4}{5}$ de ce qu'il avait, et l'autre n'a plus que les $\frac{2}{3}$ de ce qu'il avait. Combien possédaient-ils chacun ?

835. Des vases sont d'égale capacité : le premier, vide, pèse 12 onces ; plein de vin, il pèse le double de ce que pèse le deuxième vide. Ce second, plein, pèse le triple de ce que pèse le premier vide : donner les poids et la capacité.

836. Un banquier a des monnaies étrangères de deux espèces : de l'une, il faut 8 pièces pour faire

1 louis ; de l'autre, il en faut 6 : on demande de payer 115 fr. avec 32 de ces pièces.

837. Trouver le nombre d'hommes contenus dans un bataillon triangulaire, dont le premier rang n'est que d'un homme, et le dernier, qui est le vingtième, est de 20 hommes.

838. Quelle est la somme des 21 premiers nombres impairs ?

839. Une allée exige 20 voitures de sable pour être sablée ; ce sable est pris à 115 mètres de l'entrée de l'allée et déposé à des distances de 12 mètres : sachant que la première voiture est déposée à l'entrée de l'allée, on demande combien le voiturier fera de kilomètres tant en allant qu'en revenant.

840. Une pièce de monnaie contient $\frac{1}{10}$ d'alliage et vaut $23^{fr.},55$: on demande la valeur d'une autre pièce de mêmes métal et poids qui contient $\frac{3}{14}$ d'alliage.

841. On a acquitté une dette par 11 payements équidifférents, dont le premier a été de 110 fr., et le dernier de 280 : quelle est la différence entre deux payements successifs ?

842. Des ouvriers creusent un puits à raison de $12^{fr.},50$ pour le premier mètre, de $\frac{1}{5}$ en sus pour le deuxième, et ainsi de suite. A la profondeur de 9 mètres, ils ont de l'eau : que leur revient-il ?

843. Un nombre écrit dans le système octaval est représenté par le même chiffre significatif qui est 1, pris 12 fois : quel est sa valeur dans le système décimal ?

844. Quelle est la fraction ordinaire la plus simple équivalente à 0,272727.... ?

845. Sachant que la circonférence est divisée en 360° et que son quart qui est souvent pris pour *unité*, se nomme quadrant : on demande la valeur de 14° 9′ 37″ en fraction décimale du quadrant.

846. Un joueur, en un certain nombre de jours, a perdu une certaine somme : trouver cette somme, sachant que le premier jour il a perdu 185 fr., et le suivant 6 fr. de moins et ainsi de suite, jusqu'au dernier où il n'a perdu que 125 fr.

847. Un fantassin fait 10 lieues par jour : un cavalier qui part en même temps n'en fait que 3 le premier jour, puis chaque jour suivant 2 lieues de plus que le précédent : on demande en combien de jours il a atteint le fantassin.

848. Partager 890 fr. entre trois personnes, de manière que la deuxième ait 115 fr. de plus que la première, et la troisième 180 fr. de plus que la deuxième.

849. Deux courriers sont, l'un à 801 kilomètres de Paris, et l'autre à 681 ; ils partent en même temps ; le premier fait 15 kilomètres en une heure, et l'autre 12 kilomètres : on demande s'ils se rencontreront avant que d'arriver.

850. Un oncle laisse 67000 fr. à 4 neveux dont les âges respectifs sont 23 ans, 17 ans, 14 ans et 5 ans ; mais sous la condition que les parts seront en raison inverse des âges : qu'auront-ils chacun ?

851. Un voiturier chargé de transporter un tonneau de 100 litres de vin, en prend 3 litres par jour, qu'il remplace chaque fois par 3 litres d'eau : que boit-il de vin du tonneau dans sept jours ?

852. Combien coûteraient $12^{m},9$ de drap à $\frac{5}{4}$, sachant que 25 de drap de même qualité à $\frac{3}{4}$ coû-

tent 935 fr., et que les prix sont proportionnels en largeur ?

853. Une pièce de drap a 1235 mètres de longueur sur $3^{m.}$,5 de largeur : quel est le côté du parquet carré qu'elle peut recouvrir ?

854. Un vase a été pesé plein d'eau et ensuite plein de mercure ; la différence des poids était de 348 décigrammes : quelle est la capacité de ce vase, sachant que tout volume de mercure pèse 13,59, ce que pèse un égal volume d'eau ?

855. Combien retirerait-on de francs d'un lingot d'argent pur de 16 centimètres cubes, sachant que la densité de l'argent est 10,47 ?

856. Deux voyageurs vont à la rencontre l'un de l'autre ; la distance qui les sépare est de 147 $\frac{5}{8}$ myriamètres ; le premier fait 27,15 kilomètres en 3 $\frac{3}{4}$ heures, le deuxième $17^{k.}$,4 en 2 h. $\frac{1}{2}$: quand ne seront-ils plus qu'à 3200 mètres ?

857. Un ballon a une surface de $381^{m.q.}$,51 : on demande ce qu'il faut de gomme pour en rendre le taffetas imperméable, sachant qu'il en faut $\frac{3}{400}$ de centigrammes par centimètre carré.

858. Un déserteur a 90 pas d'avance et ne fait que 3 pas, tandis que le cheval du gendarme qui le poursuit en fait 4 ; de plus 6 de ses pas n'en valent que 5 du cheval : combien fera-t-il encore de pas avant que d'être atteint ?

859. Un bassin contient 60 litres d'eau et en reçoit, par minute, 7 litres d'une fontaine, mais il en perd 9 par une soupape ménagée dans son fond : quand ne contiendra-t-il plus que 25 litres d'eau ?

860. Un père laisse, au premier de ses enfants, une somme inconnue ; au deuxième, les $\frac{2}{3}$ de cette

somme; au troisième, 3000 fr. de moins qu'au deuxième ; et, par suite, le troisième n'a que le $\frac{1}{4}$ du bien total : quel est ce bien ?

861. Une cloche pèse 1500 kilogrammes et coûte 6540 fr.; le kilogramme de cuivre étant à 4fr.,80 et celui d'étain à 2fr.,60 : on demande le nombre de kilogrammes de chaque métal.

862. L'impôt foncier est de 780 millions de francs pour 1850; il est réparti par l'État entre les départements, d'après les étendues et les qualités des territoires ; un département en supportera pour 8 millions ; il a cinq arrondissement dont les territoires également bons ont leurs étendues représentées par les nombres 7, $6\frac{3}{4}$, $6\frac{6}{3}$, 6 et $5\frac{8}{9}$: que payera le premier de ces arrondissements ; il contient 3 cantons qui sont représentés par 6, 5 et $4\frac{1}{3}$; que payera le premier de ces cantons ; ce canton contient 5 communes qui sont représentées par 9, 4, 6, 3 et 5 ; que payera la première de ces communes ; que payera le plus riche de ses habitants qui possède $\frac{1}{13}$ de son territoire?

863. Le pendule qui a 0m.,99 de longueur fait à Paris une oscillation dans une seconde : combien un pendule de 27 mètres serait-il de secondes pour faire une oscillation dans la même ville, sachant qu'en un même lieu les durées des oscillations de deux pendules différents sont comme les racines carrées de leurs longueurs ?

864. Si une proportion géométrique est identique, la somme des extrêmes est égale à celle des moyens ; réciproquement, si dans une proportion géométrique la somme des extrêmes est égale à celle des moyens, cette proportion est identique.

865. Sachant que, sous volume égal : 1° les densités des gaz sont proportionnelles aux pressions ; 2° que ces mêmes densités sont proportionnelles aux poids : on demande d'établir que les pressions supportées par 10 couches d'air de 1 mètre, comptées à partir du sol, décroissent suivant une progression géométrique.

866. L'intensité de la pesanteur à la surface de la terre est 9m,80896 ; quelle est son intensité à la surface de Vénus, sachant que ces intensités sont : 1° en raison directe des masses, et 2° en raison inverse des rayons carrés (rayon de la terre 1432 lieues, et rayon de Vénus 1393 lieues). L'intensité est l'accroissement de vitesse qu'un corps acquiert constamment dans chacune des secondes qui succèdent à la première seconde de sa chute. La densité de Vénus est supposée égale à celle de la terre.

867. Un passementier met $\frac{3}{7}$ de grains d'or dans trois aunes de ganse à $\frac{1}{21}$: combien en mettra-t-il dans un galon de $\frac{5}{8}$ d'aune à $\frac{1}{19}$?

868. Un chasseur a 1 $\frac{1}{2}$ livre de poudre ; il lui en faut $\frac{3}{64}$ pour charger son fusil qui est double ; s'il manque 3 coups sur 8, et, que de chacun des autres il tue une seule pièce de gibier : combien tuera-t-il de pièces avec sa poudre ?

869. Combien coûtent 60 mètres de drap, sachant que 135 mètres de ce drap valent 300 mètres d'une certaine toile, et que 100 mètres de cette toile valent 250 mètres de calicot, dont le mètre coûte 1fr,25?

870. Une personne possède 100000 fr., place une partie à 5 pour 100, et le reste à 7 $\frac{1}{2}$ pour 100 ; de

sorte qu'elle a un revenu de 5500 fr. : quelles sont les deux parties?

871. La rente 5 pour 100 étant au cours 117, que rapporte 100 fr.?

872. Hiéron, roi de Syracuse, avait donné 12 onces d'or à un orfèvre pour lui faire une couronne. Le roi reçoit une couronne qui pèse exactement 12 onces; mais il soupçonne qu'une partie de l'or a été soustraite et remplacée par de l'argent. Il consulte Archimède qui confirme ses soupçons au moyen de ces données : 1° l'or, pesé dans l'eau, perd $\frac{1}{19}$ de son poids dans l'air; 2° l'argent y perd $\frac{1}{10}$, et 3° la couronne y perd $\frac{1}{16}$: comment ce mathématicien s'y est-il pris?

873. L'empierrement d'une route a exigé un nombre inconnu de mètres cubes de pierres placées à des intervalles de 4 mètres; ces pierres ont été conduites, mètre cube par mètre cube, et toutes prises à 60 mètres du premier tas qui en a été fait; de façon que le voiturier a parcouru 516 mètres par chaque mètre cube, terme moyen. On demande : 1° l'espace total parcouru par le voiturier revenu à l'endroit du chargement; 2° le nombre de mètres cubes mis à l'empierrement de la route?

874. Un propriétaire a acheté un nombre inconnu d'hectares de vigne à raison de 3 fr. le premier hectare; mais chaque hectare suivant est payé le quintuple du précédent, de sorte que la moyenne géométrique des prix de deux hectares pris à égale distance des extrêmes est de 375 fr. : combien ce propriétaire a-t-il acheté d'hectares de vigne?

875. Quelle est : 1° l'expression de la somme de n

termes de la progression géométrique ∺ 1 : 2 : 4 : 8 : etc.; 2° de la somme de n termes de la progression arithmétique ∻ 1. 3. 5. 7. 9. etc.

876. Quelle est l'expression du produit de n termes successifs d'une progression géométrique quelconque?

877. Etablir par les données du problème 799 que 80 fr. valent 81 livres tournois.

878. On a 54 litres d'air à la température de 65° centigrades et sous la pression moyenne 0m.,24: on demande de le ramener à 0° et à la pression moyenne 0m.,76, sachant 1° que les gaz se dilatent de 0,00375 de leur volume par degré de chaleur, et 2° que ces volumes sont en raison inverse des pressions?

879. Une personne fait valoir un certain capital à 4 pour 100; ni le montant, ni l'intérêt ne sont connus; mais on sait que quand le taux est 5 au lieu de 4, et qu'elle ajoute 10000 fr. au capital, son revenu augmente de 800 : trouver le capital et le revenu.

880. Une personne fait valoir un certain capital à 4 pour 100; ni le montant ni le revenu ne sont connus; mais on sait que quand le taux est 5 au lieu de 4, et qu'elle ajoute 15000 fr. au capital, le revenu augmente de 1500 fr. : trouver le capital et le revenu.

FIN

www.ingramcontent.com/pod-product-compliance
Lightning Source LLC
LaVergne TN
LVHW012021220826
846092LV00001B/433

* 9 7 8 2 3 2 9 7 5 3 5 8 4 *